02 2.3.2 CMYK颜色模式　　　**学习目标：**学习CMYK颜色模式　　　页码：026

U0220228

02 2.3.3 灰度模式　　　**学习目标：**学习彩色图像转换为灰度模式的方法　　　页码：027

02 2.3.4 Lab颜色模式　　　**学习目标：**学习彩色图像转换为Lab颜色模式的方法　　　页码：028

02 课后习题——添加沙发　　　**学习目标：**练习变换工具将沙发进行处理　　　页码：030

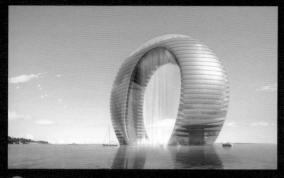
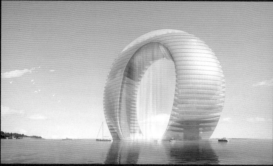

03 3.1.2 2.多边形套索工具　　**学习目标**：学习多边形套索工具的使用方法　　　　页码：035

03 3.1.4 色彩范围命令　　**学习目标**：学习色彩范围命令的使用方法　　　　页码：039

03 课后练习——替换窗外背景　　**学习目标**：练习选择工具和变换工具的用法　　　　页码：048

03 课后练习——替换天空背景　　**学习目标**：练习选择工具和变换工具的用法　　　　页码：048

04 4.7.1 模糊工具　　　**学习目标**：学习模糊工具的使用方法　　　　　　　　　　页码：059

04 4.7.2 锐化工具　　　**学习目标**：学习锐化工具的使用方法　　　　　　　　　　页码：060

04 课后习题——用仿制图章工具修改图片　　　**学习目标**：练习仿制图章工具修改图片　　　　　　页码：064

05 5.2.3 色彩平衡命令　　　**学习目标**：学习色彩平衡命令的使用方法　　　　　　　　　　页码：073

05 5.2.4 亮度/对比度命令　　**学习目标：**学习亮度/对比度命令的使用方法　　页码：074

05 5.2.6 替换颜色命令　　**学习目标：**学习替换颜色命令的使用方法　　页码：076

05 5.2.8 照片滤镜命令　　**学习目标：**学习照片滤镜命令的使用方法　　页码：078

05 5.2.9 阴影/高光命令　　**学习目标：**学习阴影/高光命令的使用方法　　页码：080

05 5.2.13 曝光度命令 **学习目标：**学习曝光度命令的使用方法 页码：084

06 6.3.10 线性减淡模式 **学习目标：**学习线性减淡模式的使用方法 页码：100

06 6.3.13 柔光模式 **学习目标：**学习柔光模式的使用方法 页码：103

06 课后练习——给效果图添加氛围 **学习目标：**练习混合模式及色彩调整命令添加氛围 页码：122

 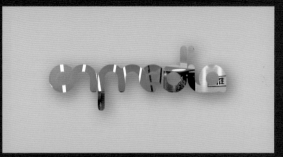

07　7.1.3 剪贴蒙版　　　**学习目标：** 学习剪贴蒙版的使用方法　　　**页码：** 126

07　7.2.2 Alpha通道　　　**学习目标：** 学习Alpha通道的使用方法　　　**页码：** 131

08　8.1.9 4.镜头光晕　　　**学习目标：** 学习镜头光晕滤镜的使用方法　　　**页码：** 156

08　课后练习——水彩效果制作　　　**学习目标：** 练习多种滤镜和混合模式　　　**页码：** 158

09 9.1 室外总图的后期表现　　　　**学习目标：**掌握室外总图的后期表现　　　　页码：160

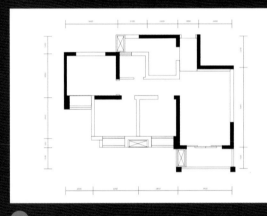
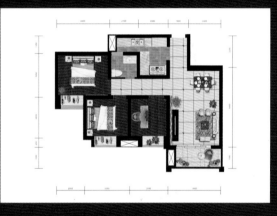

09 课后练习——室内总图后期制作2　　**学习目标：**练习室内总图后期制作　　　页码：174

10 10.1 室内日景效果后期表现　　　　**学习目标：**掌握室内日景效果的后期表现　　　页码：176

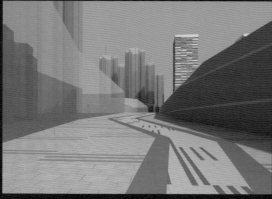

11 11.1 商业街景观的后期表现　　**学习目标：**掌握商业街景观的后期表现的制作方法　　　　页码：190

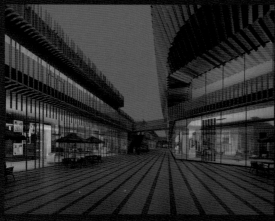

11 11.3　　商业街的夜景表现　　**学习目标：**掌握商业街的夜景表现　　　　页码：216

11 11.4　鸟瞰白天的后期表现　　**学习目标：**鸟瞰白天的后期表现　　　　页码：233

Photoshop CS6
建筑与室内效果图
后期处理

微课版

互联网＋数字艺术教育研究院 编著

人民邮电出版社

北京

图书在版编目（ＣＩＰ）数据

Photoshop CS6建筑与室内效果图后期处理：微课版/
互联网+数字艺术教育研究院编著. -- 北京：人民邮电
出版社，2016.12
ISBN 978-7-115-43591-0

Ⅰ．①P… Ⅱ．①互… Ⅲ．①建筑设计－计算机辅助
设计－应用软件 Ⅳ．①TU201.4

中国版本图书馆CIP数据核字(2016)第235855号

内 容 提 要

本书主要介绍 Photoshop CS6 在建筑与室内效果图后期处理时的运用方法，通过由浅入深、由理论到实践的教学方式，带领读者全面、深度地掌握建筑与室内效果图的后期处理技法。

本书从 Photoshop CS6 在效果图后期处理中的基本操作入手，结合案例和课后练习，全面深入地阐述了效果图后期表现概述及工具、Photoshop 的基本操作方法、创建并编辑选区、绘图与图像修饰、图像的色彩调整、图层应用、通道和蒙版应用、滤镜应用、彩色平面图后期制作、室内效果图后期制作、室外效果图后期制作。全书共有 11 章，其中第 1 章主要介绍建筑效果图表现的概念，以及从多个角度对效果图表现的解读；第 2~8 章是本书的基础，讲解 Photoshop 在效果图后期处理中的基本操作；第 9~11 章是综合应用，以实际案例操作为主，每个案例都由编者精心挑选，具有代表性，旨在通过对每个案例的详细讲解使读者对同类型的项目有一个透彻的理解。

本书适合高等院校建筑设计、园林设计等专业使用，也可以作为建筑与室内效果图后期处理自学者的参考用书。

◆ 编　著　互联网+数字艺术教育研究院
　　责任编辑　税梦玲
　　责任印制　彭志环

◆ 人民邮电出版社出版发行　　北京市丰台区成寿寺路 11 号
　　邮编　100164　电子邮件　315@ptpress.com.cn
　　网址　http://www.ptpress.com.cn
　　北京捷迅佳彩印刷有限公司印刷

◆ 开本：787×1092　1/16　　　彩插：4
　　印张：15.75　　　　　　　2016 年 12 月第 1 版
　　字数：435 千字　　　　　 2025 年 1 月北京第 15 次印刷

定价：69.80 元（附光盘）

读者服务热线：(010)81055256　印装质量热线：(010)81055316
反盗版热线：(010)81055315

前言

Preface

多终端自适应，碎片化移动化：绝大部分微课时长不超过10分钟，可以满足读者碎片化学习的需要；平台支持多终端自适应显示，除了在PC端使用外，用户还可以在移动端随心所欲地进行学习。

★ "微课云课堂"使用方法

扫描封面上的二维码或者直接登录"微课云课堂"（www.ryweike.com）→用手机号码注册→在用户中心输入本书激活码（e9501787），将本书包含的微课资源添加到个人账户，获取永久在线观看本课程微课视频的权限。

此外，购买本书的读者还将获得一年期价值168元VIP会员资格，可免费学习50000个微课视频。

内容特点

轻松上手：讲解Photoshop CS6常用功能的操作方法，以及工具、命令等，图文结合，步骤清晰，遇到困难还可随时扫码观看操作视频。

精确定位：适用于Photoshop零基础读者学习建筑与室内效果图后期处理。

案例典型：全书案例分为3类，分别是课堂案例、课后习题和商业实例。课堂案例是针对章节中的常用技能而设置的讲解性案例，用于学习知识要点；课后习题是针对重点技能进行的巩固练习，用于加强实际操作能力培养；商业实例是结合实际的项目制作要求而设置的综合性案例，涉及全书的大量工具和命令。

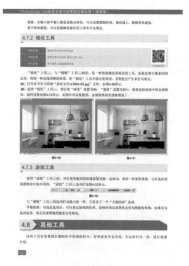

课堂案例

课后习题

商业实例

配套资源

为方便读者线下学习或教师教学，除了提供微课云课堂的线上学习平台，本书还附赠一张光盘，光盘包含"素材文件""实例文件""教学视频"和"PPT课件"4个文件夹。

素材文件：课堂案例、课后习题和商业实例中所需要的所有素材图片。

实例文件：课堂案例、课后习题和商业实例的Psd文件。

教学视频：课堂案例、课后习题和商业实例的操作视频。

PPT课件：与书配套、制作精美的PPT。

编　者
2016年6月

目 录

Content

[01] 效果图后期表现概述及工具 .001

1.1 效果图后期表现的概念 **002**
1.2 多层面解读效果图表现 **002**
　1.2.1 从视角分析效果图表现 003
　1.2.2 从时间段分析效果图表现 005
　1.2.3 从画面风格分析效果图表现 006
　1.2.4 从面对的客户群体分析效果图表现 007
1.3 建筑表现工具 **008**

[02] Photoshop的基本操作方法 ..009

2.1 文件操作 **010**
　2.1.1 新建图像文件 010
　2.1.2 打开图像命令 011
　2.1.3 保存图像文件 012
　2.1.4 分辨率与常见图像格式介绍 012
2.2 图像基本操作 **014**
　2.2.1 图像尺寸的调整及旋转 015
　2.2.2 裁剪工具 017
　2.2.3 设置前景色和背景色 018
　2.2.4 图像的变换 020
　2.2.5 其他工具介绍 022
2.3 颜色模式 **024**
　2.3.1 RGB颜色模式 024
　2.3.2 CMYK颜色模式 026
　2.3.3 灰度模式 027
　2.3.4 Lab颜色模式 028
课后练习——添加装饰画 **030**
课后练习——添加沙发 **030**

[03] 创建并编辑选区 031

3.1 创建选区 **032**
　3.1.1 选框工具 032
　3.1.2 套索工具组 035
　3.1.3 魔棒工具及快速选择工具组 037
　3.1.4 色彩范围命令 039
3.2 编辑选区 **040**
　3.2.1 移动、全选、取消、反选选区 040
　3.2.2 羽化选区 042
　3.2.3 填充与描边操作 044
　3.2.4 变换、保存、载入选择区域 045
课后练习——替换窗外背景 **048**
课后练习——替换天空背景 **048**

[04] 绘图与图像修饰 049

4.1 吸管工具 **050**
4.2 画笔、铅笔工具 **050**
　4.2.1 画笔工具 050
　4.2.2 铅笔工具 052
4.3 渐变、油漆桶工具 **052**
　4.3.1 渐变工具 052
　4.3.2 油漆桶工具 056
4.4 移动工具 **056**
4.5 图章工具 **057**
　4.5.1 仿制图章工具 057
　4.5.2 图案图章工具 058
4.6 橡皮擦工具组 **058**
　4.6.1 橡皮擦工具 058
　4.6.2 背景橡皮擦工具 058
　4.6.3 魔术橡皮擦工具 059
4.7 模糊、锐化、涂抹工具 **059**
　4.7.1 模糊工具 059
　4.7.2 锐化工具 060
　4.7.3 涂抹工具 060

1

4.8 其他工具 **060**
 4.8.1 修复画笔 061
 4.8.2 修补工具 061
 4.8.3 污点修复画笔 061
 4.8.4 红眼工具 061
 4.8.5 颜色替换工具 061
4.9 历史记录应用 **062**
 4.9.1 历史记录面板和画笔 062
 4.9.2 历史记录艺术画笔 064
课后练习——用仿制图章工具修改图片 **064**
课后练习——改变家具颜色 **064**

[05] 图像的色彩调整 065

5.1 图像色彩调整工具 **066**
 5.1.1 减淡工具 066
 5.1.2 加深工具 067
 5.1.3 海绵工具 068
5.2 调整命令 **068**
 5.2.1 色阶命令 068
 5.2.2 曲线命令 071
 5.2.3 色彩平衡命令 073
 5.2.4 亮度/对比度命令 074
 5.2.5 色相/饱和度命令 075
 5.2.6 替换颜色命令 076
 5.2.7 可选颜色命令 077
 5.2.8 照片滤镜命令 078
 5.2.9 阴影/高光命令 080
 5.2.10 匹配颜色命令 081
 5.2.11 变化命令 082
 5.2.12 黑白、去色命令 082
 5.2.13 曝光度命令 084
 5.2.14 自然饱和度命令 084
 5.2.15 通道混合器命令 084
 5.2.16 其他调整命令 085
课后练习——休闲室色彩调整 **086**
课后练习——卧室夜晚色彩调整 **086**

[06] 图层应用 087

6.1 图层基本概念 **088**
6.2 图层的基本操作 **088**
 6.2.1 图层面板 088
 6.2.2 创建、复制图层 090
 6.2.3 填充、调整图层 092
 6.2.4 图层的对齐与分布 093
 6.2.5 合并、删除图层 094
6.3 图层的混合模式 **095**
 6.3.1 溶解模式 096
 6.3.2 变暗模式 096
 6.3.3 正片叠底模式 097
 6.3.4 颜色加深模式 098
 6.3.5 线性加深模式 098
 6.3.6 深色模式 098
 6.3.7 变亮模式 099
 6.3.8 滤色模式 099
 6.3.9 颜色减淡模式 100
 6.3.10 线性减淡模式 100
 6.3.11 浅色模式 101
 6.3.12 叠加模式 101
 6.3.13 柔光模式 103
 6.3.14 强光模式 104
 6.3.15 亮光模式 104
 6.3.16 线性光模式 105
 6.3.17 点光模式 105
 6.3.18 色相混合模式 106
 6.3.19 饱和度混合模式 107
 6.3.20 颜色混合模式 108
 6.3.21 其他混合模式 109
6.4 图层样式 **110**
 6.4.1 混合选项：自定 111
 6.4.2 投影 112
 6.4.3 内阴影 114

6.4.4 外发光 114
6.4.5 内发光 115
6.4.6 斜面和浮雕 116
6.4.7 光泽 117
6.4.8 叠加图层样式 118
6.4.9 描边 119
6.4.10 复制、粘贴、删除图层样式 120
6.4.11 样式面板 121
课后练习——给效果图添加氛围 **122**
课后练习——材质更换 **122**

[07] 通道和蒙版应用 123

7.1 蒙版 **124**
7.1.1 图层蒙版 124
7.1.2 矢量蒙版 126
7.1.3 剪贴蒙版 126
7.1.4 快速蒙版 128
7.2 通道 **130**
7.2.1 颜色通道 130
7.2.2 Alpha通道 131
7.2.3 专色通道 134
7.2.4 临时通道 135
7.2.5 应用图像与计算 135
课后练习——用Alpha通道更换外景 **136**
课后练习——用颜色通道更换材质 **136**

[08] 滤镜应用 137

8.1 滤镜 **138**
8.1.1 滤镜库 138
8.1.2 液化滤镜 142
8.1.3 消失点滤镜 143
8.1.4 风格化滤镜组 144
8.1.5 模糊滤镜组 146
8.1.6 扭曲滤镜组 150
8.1.7 锐化滤镜组 152

8.1.8 像素化滤镜组 153
8.1.9 渲染滤镜组 154
8.1.10 杂色滤镜组 157
8.1.11 其他滤镜组 157
8.1.12 Digimarc滤镜组 157
8.1.13 Nik Software滤镜组 157
8.2 外挂滤镜 **157**
课后练习——柔光效果制作 **158**
课后练习——水彩效果制作 **158**

[09] 彩色平面图后期制作 159

9.1 室外总图的后期表现 **160**
9.1.1 合成通道及大图文件 160
9.1.2 水面的调整 161
9.1.3 路面的调整 161
9.1.4 草地的调整 162
9.1.5 屋顶的调整 163
9.1.6 树丛的调整 163
9.1.7 周边的虚化处理 164
9.1.8 刷光操作 165
9.1.9 图像的色彩调整 165
9.2 室内总图的后期表现 **167**
9.2.1 室内总图的介绍 167
9.2.2 填充墙体 168
9.2.3 填充窗户 168
9.2.4 填充客厅地面 168
9.2.5 填充卫生间、阳台、厨房地面 169
9.2.6 填充卧室地面 170
9.2.7 填充楼梯 171
9.2.8 家具配景的添加 172
9.2.9 图像的色彩调整 172
课后练习——室内总图后期制作1 .... **173**
课后练习——室内总图后期制作2 .... **174**

[10 室内效果图后期制作............175]

10.1 室内日景效果后期表现............**176**
　　10.1.1 叠加AO图层............176
　　10.1.2 添加外景............177
　　10.1.3 图像整体色彩的调整............178
　　10.1.4 顶部木质的调整............179
　　10.1.5 沙发的调整............179
　　10.1.6 景深的制作............180
　　10.1.7 边框氛围的制作............181

10.2 室内夜景效果后期表现............**182**
　　10.2.1 叠加AO图层............182
　　10.2.2 图像整体色调的调整............183
　　10.2.3 沙发颜色的调整............184
　　10.2.4 地面材质的调整............185
　　10.2.5 光效的制作............186
　　10.2.6 氛围的制作............187

课后练习——室内日景后期制作............**188**

课后练习——室内夜景后期制作............**188**

[11 室外效果图后期制作............189]

11.1 商业街景观的后期表现............**190**
　　11.1.1 合成通道及大图文件............190
　　11.1.2 更换天空............190
　　11.1.3 体块虚化处理............191
　　11.1.4 墙面材质的调整............193
　　11.1.5 地面材质的调整............195
　　11.1.6 小品材质的调整............198
　　11.1.7 调整花坛材质............200
　　11.1.8 花坛草地合成............201
　　11.1.9 配景合成............202
　　11.1.10 图像整体色彩的调整............202

11.2 住宅日景效果后期表现............**204**
　　11.2.1 合成通道图............205
　　11.2.2 更换天空............205
　　11.2.3 创建远景组虚化配楼............205

　　11.2.4 远景树木配景的添加............207
　　11.2.5 马路的调整............208
　　11.2.6 建筑的调整............208
　　11.2.7 楼梯的调整............211
　　11.2.8 屋顶的调整............211
　　11.2.9 玻璃的调整及内透的叠加............212
　　11.2.10 配景素材的添加............214
　　11.2.11 人物素材的添加............214
　　11.2.12 图像整体色彩调整............215

11.3 商业街的夜景表现............**216**
　　11.3.1 合成通道图............217
　　11.3.2 图像的初步调整............217
　　11.3.3 更换天空............218
　　11.3.4 内街铺地的调整............218
　　11.3.5 建筑栏杆的调整............220
　　11.3.6 金属铝板的调整............221
　　11.3.7 橱窗玻璃的调整............224
　　11.3.8 细部配景的调整............227
　　11.3.9 远景的添加............229
　　11.3.10 配景的合成添加............229
　　11.3.11 图像润色处理............230

11.4 鸟瞰白天的后期表现............**233**
　　11.4.1 合成通道图............233
　　11.4.2 水景的叠加处理............233
　　11.4.3 调整建筑体块............234
　　11.4.4 路面及铺地的调整............235
　　11.4.5 草地的调整............236
　　11.4.6 树的调整............237
　　11.4.7 主体建筑的调整............238
　　11.4.8 配景素材的添加............241
　　11.4.9 图像的后期调整............241

课后练习——入口景观的后期制作............**244**

课后练习——住宅的后期制作............**244**

01

效果图后期表现概述及工具

本章主要讲解效果图的概念、表现形式和使用的工具，通过本章的讲解希望读者对其有所了解，从而确立学习的目标以及将来参加工作后的行业定位。

本章学习要点：

- 了解效果图后期表现的概念
- 了解效果图后期表现的形式
- 了解Photoshop的使用情况

1.1　效果图后期表现的概念

　　人们常说的效果图，即通过图片来表达作品所需要的效果及预期能达到的效果，是通过计算机三维仿真软件（如3ds Max）来模拟真实环境的高仿真虚拟图片。在建筑行业，效果图的主要功能是将平面的图纸三维化、仿真化，通过高仿真的制作，来检查设计方案的细微瑕疵或对项目方案进行修改、推敲。建筑设计师以图片或多媒体的形式把设计方案展示给客户，不仅直接明了，而且具有更强的说服力。图1-1~图1-3所示是一些常见的建筑与室内表现图。

图1-1

图1-2

图1-3

1.2　多层面解读效果图表现

　　效果图是一个广义词，包罗万象，其应用最多的领域大致分为建筑效果图、城市规划效果图、景观环境效果图、建筑室内效果图等。毕竟，没有一个画种会因其新兴的旺盛生命力，而长期保持"一统天下"的局面；电脑效果图如果不从其他绘画艺术中获取营养与启示，也会变得枯涩苍白。然而，要从其他画种中，吸取精华，就要对自身效果图有充分的了解。本小节将从多层面解读建筑效果图的分类，使读者能进一步透彻地理解。

1.2.1　从视角分析效果图表现

从视角分析建筑表现图大致可分为人视图、半鸟瞰图及鸟瞰图等。到底是人视图、半鸟瞰图还是鸟瞰图由相机高度来决定。

1.人视图

人视图一般是指相机高度和人眼高度差不多，即1.2m~2.0m拍摄的效果图，比较常用的是1.7m的相机高度，这样的相机角度渲染出来的图片视角就和平时拍的照片差不多。在3ds Max中进行相机矫正后的效果，类似使用用移轴相机拍摄的效果，相机矫正就是用来矫正相机视点过高或过低时，出现的3点透视严重变形的情况，能保证建筑物"横平竖直"的效果。图1-4所示是矫正后的效果，图1-5所示是没有矫正正常相机拍摄的效果，在图1-5中能看到明显的3点透视。

图1-4

图1-5

TIPS　　相对普通相机而言，移轴相机的主要特点是其镜头（或安装镜头的镜头板）与安装胶片的后背，能通过软性连接体（如皮腔），进行移位或扭转来改变影像的透视效果和清晰度范围。这里所说的类似移轴相机效果主要是指透视效果。同样，在3ds Max中也可以模拟移轴摄影的效果，感兴趣的读者可以尝试。

2.半鸟瞰图

半鸟瞰图一般是指相机高度高于人眼，通常是3m以上的相机高度，主要根据视角中表现物体的范围而定。半鸟瞰图的后期处理难度较高，不仅要有鸟瞰的氛围、透视图的细节，还要把握配景的透视关系。如果能熟练地掌握半鸟瞰图的制作，那么制作透视图和鸟瞰图就相对容易了。图1-6所示是一张公园景观图，半鸟瞰能很好地突出景观上面植物的层次关系，而且给人一种居高临下的感觉。

图1-6

3.鸟瞰图

鸟瞰图，顾名思义像鸟一样朝下看，就是从高处往下看，一般是指相机高度相当高，能俯瞰整个建筑或室内。鸟瞰图适合表达建筑或室内的整体关系，能让人对效果图的整体风格一目了然，如图1-7和图1-8所示。

图1-7

图1-8

1.2.2 从时间段分析效果图表现

分析效果图的时间段，大致可以分为早晨、白天、黄昏、夜晚。如果再细分还可以具体到是几点到几点。

1.早晨

早晨一般指天刚亮到八九点钟的一段时间。早晨地面上的水分子较多，大多数都没有被蒸发掉，因此便形成了雾。雾的现象是早晨的一个重要特征，在秋、冬、春三季的早晨尤为多，水雾在初阳的照射下，往往使地面景物的垂直面染上一层淡淡的金黄色，显得色调柔和温暖。如图1-9和1-10所示，像有淡淡的金纱铺洒在画面里。一般在清晨和黄昏最能凸显建筑的效果，因此，在图面表达方面早晨和黄昏也是很容易展现效果的时段。

图1-9

图1-10

2.白天

白天基本可以分为晴天和阴天。晴天时，建筑光感很强，建筑明暗面对比也较强，如图1-11所示。阴天是丰富多样的，既有黑云压城的阴天，也有薄云遮日的"假阴天"，但阴天的共同特点是都属于散射光照明形态，光效都比较柔和，照明效果都比较均匀，不会形成明显的明暗反差，而且具有较丰富的影调、色调层次，如图1-12所示。

图1-11

图1-12

3.黄昏

黄昏时，太阳接近地平线呈日落状态。太阳光呈现橙红色或红色，太阳附近的天空出现晚霞，这是黄昏最重要的特征。黄昏时太阳光的照度小、光线柔和，景物受光面和背光面的明暗反差较弱。在远离太阳方向的天空（如顺着光）呈淡淡的蓝色，景物被天光照明，呈现发暗的蓝色，色调偏暖。如图1-13和图1-14所示，暗部建筑的颜色会偏向天空的颜色（即环境色上偏）。

图1-13   图1-14

4.夜景

天空呈暗色是夜景最主要的特征。夜晚的天空不是漆黑一片，而是夹杂着人工光源，即以照明为目的生活光源，如路灯、室内白炽灯等。人工光源是夜景的又一重要特征，这种光源往往构成画面上的最高亮度，这也是人对夜景的基本认识。夜景比较适合表达商业街的热闹和室内的静谧，如图1-15和图1-16所示。

图1-15   图1-16

1.2.3 从画面风格分析效果图表现

从画面风格分析效果图表现可以分为写实风格和写意风格。

1.写实风格

写实主要指接近照片级别的真实自然感，其画面细腻、惟妙惟肖，如图1-17和图1-18所示。写实风格偏重于对事物的客观描写，同时也有利于制作人员将对美的追求融入艺术描写之中。

图1-17   图1-18

2.写意风格

写意是有悖于常规手法，它利用明暗、色彩、构图上的夸张来凸显表达对象，给人舒畅震撼的感觉，如图1-19和图1-20所示。写意风格反对雕刻般刻板的造型和过分强调素描为主要表现手段，其主要通过强调光和色彩的强烈对比及利用饱和色调，以独特的构图等手法来塑造艺术形象。

图1-19

图1-20

1.2.4 从面对的客户群体分析效果图表现

效果图制作公司面对的客户一般为设计类、景观类和地产类的从业人员。

设计类：主要分为设计院、建筑事务所和个人工作室。这类客户的设计以建筑为主，包括住宅、公共建筑、文化类建筑等。

景观类：主要包括园林景观、照明公司等。这类客户的设计主要以住宅景观、公园景观、旅游景区景观、商业广场硬质景观或者建筑亮化为主。

地产类：主要包括开发商、地产经纪公司及广告公司等。这类客户的设计制作周期一般较长，对图面细节要求较高。

TIPS　　在制作项目前要了解客户真正需要的是什么。设计类客户的主要表现对象是建筑，在设计时就不要刻意强调景观，一切配景都是在为设计的主体建筑服务；而制作景观类项目却恰恰相反。所以，明确客户的类型对制作人员来说非常重要。

1.3 建筑表现工具

Photoshop是制作建筑表现最常用的工具。它是一个功能极其强大的平面应用软件，如图1-21所示，广泛应用于广告设计、包装设计、服装设计、建筑设计、室内设计等多个领域。Photoshop不是针对哪个专业或者方向开发出来的软件，而是在各个行业都通用的软件。正是因为Photoshop功能如此强大，而各个领域对其又有各自要求，所以在学习上必须有针对性。

图1-21

本书将专门针对建筑与室内设计专业的应用对Photoshop进行讲解，集中介绍效果图修改和彩色平立面图的制作技法。对于建筑与室内应用的常用工具将进行详细讲解，不常用或完全用不上的工具则简要说明，这样就可以避免浪费大量时间去学习不必要的技法。

02

Photoshop CS6
的基本操作方法

本章主要讲解Photoshop软件的基本操作方法，此外，通过本章的学习，读者还应掌握Photoshop分辨率和颜色模式的概念及应用。

本章学习要点：

- 掌握Photoshop文件基本操作
- 掌握图像的基本操作
- 掌握Photoshop中分辨率的基本概念
- 掌握Photoshop中的颜色模式

2.1 文件操作

文件操作命令主要集中在Photoshop CS6的文件菜单中，如图2-1所示。本章主要学习文件的新建、打开、储存等最基本的文件操作。此外，本章将详细介绍Photoshop常用的图像格式，尤其是在建筑与室内效果图制作中常用的图像格式。

2.1.1 新建图像文件

在文件菜单中单击"新建"命令，即可弹出"新建"对话框，如图2-2所示。

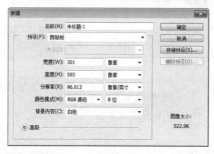

图2-2   图2-1

名称：输入新建文件的名称，"未标题-1"是Photoshop默认的名称，可将其改为其他名称。

预设：Photoshop CS6提供了预设文件类型，其中"剪贴板"表示新建文件的大小将参照剪贴板中文件的大小。

大小：选择国际标准纸张后，就可以在"大小"中选择文件规格。图2-3所示为国际标准纸张的规格选项。

宽度：新建文件的宽度，在旁边的选项栏里可以选择单位，如图2-4所示。其中较为常用的有厘米、毫米和像素。

高度：新建文件的高度，常用的单位有厘米、毫米和像素。

分辨率：新建文件分辨率，有"像素/英寸"和"像素/厘米"两种。

颜色模式：新建文件的颜色模式，如图2-5所示。具体内容会在本章2.3节中详细讲解。

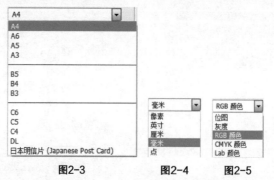

图2-3   图2-4   图2-5

背景内容：将以所选择的背景色填充新文件，如选择白色则建立白色背景，这是最常用的一种选择；选择背景色则将以工具箱中的背景色填充新文件，如将工具箱中的背景色改为蓝色，则新文件将以蓝色填充；选择透明背景，即无色背景，新文件则为全透明背景。

高级：在颜色配置文件中可以选择一种应用的颜色模型；在像素纵横比中可以选择像素的形状。通常保持默认即可。

2.1.2　打开图像命令

"打开"命令可以打开Photoshop兼容的各种格式文件，其对话框如图2-6所示。双击红框中的区域，即可打开文件，如图2-7所示。

图2-6

图2-7

除了"打开"命令，还有"打开为"命令，若要限制打开文件的格式，则可采用"打开为"命令。如果文件格式与"打开为"格式不匹配，则不能打开文件。

TIPS

"打开"命令的组合键为Ctrl+O；

"打开为"命令的组合键为Ctrl+Shift+Alt+O。

2.1.3 保存图像文件

"储存"命令用来储存当前工作文件，如果选择储存命令以现有格式保存文件，新文件将替换原文件。如果储存带有多个图层的PSD格式文件时，会自动弹出"储存为"对话框。

"储存为"命令则可以将当前工作文件储存为其他格式，如图2-8所示。相对而言，"储存为"命令是工作中常用的命令。下面讲解一些重要参数。

作为副本：将所编辑的文件储存成文件副本，且不影响原文件。

Alpha通道：当文件中存在Alpha通道时，该选项会自动激活。可通过勾选决定是否存储该通道。

图层：当文件中存在多个图层时，勾选此项，文件中的图层会保留；不勾选此项，图层则自动合并。

图2-8

TIPS 　"储存"命令的组合键为Ctrl+S；
　　　　"储存为"命令的组合键为Ctrl+Shift+S。

使用Photoshop的过程中，要养成随时存盘的习惯，这样可以避免死机或重启造成文件丢失。如果没有保存文件，系统意外关闭，Photoshop CS6还会在再次打开时，自动加载上次意外退出时正在操作的文件。

2.1.4 分辨率与常见图像格式介绍

在目前数字化的图像处理中，可以将图像分为矢量图像和位图图像两类。矢量图像的轮廓和填充方法由相应的参数方程决定，是一种无关分辨率的图像，无论放大多少倍，图像品质都不会发生改变。位图图像由像素构成，像素是构成位图的最小单位，将一幅位图图像放大数倍，就能发现图像是由许多小方块组成，每个小方块就是一个像素。

在Photoshop中，能创建和处理这两种类型图像。其中位图是最为常见的图像类型，现实中绝大多数途径得到的图片都是位图。

1.分辨率

分辨率是位图图像专用的。位图也称为栅格图像，它由网格上的像素点组成。像素的颜色和位置决定了该图像所呈现出来的画面。因此文件中的像素越多，包含的信息越多，分辨率也就越大，图像品质也就越好。分辨率就是决定像素多少的决定性因素，如图2-9和图2-10所示。

图2-9

图2-10

位图图像分辨率反映了图像每英寸包含的像素个数。分辨率越高，相同大小图像包含的像素越多，图像越清晰。通常，分辨率被表示成每一个方向上的像素数量，如1280×720等。在Photoshop新建中可设定分辨率的多少，分辨率越多图像质量越高，文件也越大。

2.矢量图像

矢量图像由对象构成。每个对象都是一个自称一体的实体，具有颜色、形状、轮廓、大小等属性。矢量图形与分辨率无关，可以将它们缩放至任意尺寸，且具有一样的清晰度。在Photoshop中绘制的路径即为矢量图形。

3.位图图像

位图图像是Photoshop软件处理的主要图像，也是现实中最常见的图像类型。位图图像有多种不同格式，不同格式又具有不同特点和应用方向。

单击文件菜单中的"储存为"命令，在其"格式"下拉菜单中，可以看到有23种不同的文件格式，如图2-11所示。下面介绍常用的位图图像格式。

图2-11

PSD：是Photoshop CS6默认的文件储存格式。PSD格式可以保存文件中所有的图层、可用图像模式、参考线、Alpha通道和专色通道。由于PSD格式包含了太多图像信息，因此它比其他文件格式的文件要大很多。PSD格式可以保存所有原图的数据信息，所以修改起来非常方便。在作品没有完成之前用PSD格式保存文件，最终完成后也保存一份PSD格式文件，以便日后修改。当储存PSD格式时，系统会弹出图2-12所示的对话框，关闭"最大兼容"则可以大大压缩文件。

JPEG：中文翻译为"有损失的压缩格式"。该格式最大的特点是文件较小，但由于压缩过度，会损失文件的质量。JPEG格式是目前使用最广泛的图像格式，该格式除了RGB模式外，还支持CMYK模式和灰度模式，但不支持Alpha通道。JPEG在保存时，系统会弹出图2-13所示的对话框。在对话框中拖动滑柄可以控制保存图像的质量，也可以在品质栏中输入数值，数值越大，图像质量越高，文件也就越大。

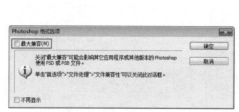

图2-12　　　　　　　　　　　　　图2-13

TIFF：标记图像文件格式，是一种应用很广泛的图像格式。该格式可以很好地保留图片质量，同时几乎支持所有的图像处理软件。TIFF格式支持RGB、CMYK、Lab、索引颜色和灰度等多种模式，还可以保存Alpha通道。在Photoshop中将图片保存成TIFF格式后，系统会弹出图2-14所示的对话框，保存为默认状态，单击"确定"按钮即可。

BMP：是一种常见的图像格式，该格式支持RGB、索引颜色、灰度和位图颜色模式，但不支持Alpha通道，也不支持CMYK模式。将图像储存为BMP格式后，系统会弹出图2-15所示的对话框。

图2-14　　　　　　　　　　　　　图2-15

2.2 图像基本操作

本节主要介绍图像操作的基本内容，掌握好一般的图像操作方法可以为后面的学习打好基础。

2.2.1　图像尺寸的调整及旋转

素材位置	素材文件 >CH02>01.jpg
实例位置	无
学习目标	学习图像尺寸的调整及旋转的方法

（扫码观看视频）

　　Photoshop可以任意调整图片的大小和尺寸，可以将大尺寸图片改小，但若将小尺寸图片改大，就会使图片变得不清晰。

01 执行"文件>打开"菜单命令，然后打开本书学习资源"素材文件>CH02>01.jpg"文件，如图2-16所示。

图2-16

02 在当前图像编辑窗口底端，单击三角按钮▶，弹出状态栏菜单，如图2-17所示，可以在该菜单中选择需要在底部显示的信息。

03 按住Alt键，同时单击状态栏，会显示当前图像的宽度、高度、分辨率和通道数等信息，如图2-18所示。

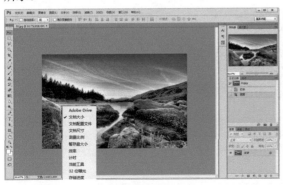

图2-17

图2-18

04 执行"图像>图像大小"菜单命令，打开图2-19所示的对话框，然后将"宽度"数值改为3000，单击"确定"按钮。这时可以观察到，画面变大，但图像不清晰，如图2-20所示。

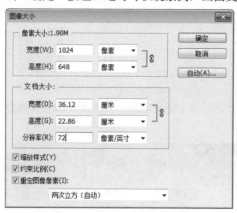

图2-19

图2-20

05 将"宽度"设置为200，然后取消勾选"约束比例"选项，接着将"高度"设置为500，如图2-21和图2-22所示。可以观察到，取消"约束比例"选项后，图像可以不根据比例来改变图像的高度和宽度。

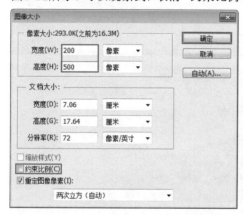

图2-21

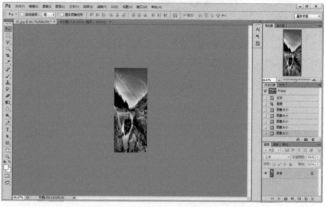

图2-22

06 重新打开本书学习资源"素材文件>CH02>01.jpg"文件，然后执行"图像>图像旋转>垂直翻转画布"菜单命令，如图2-23所示。

图2-23

TIPS　　除了垂直翻转和水平翻转，还可以按照各种设定好的角度旋转画布，此外，还可以通过选择"任意角度"将画面旋转成任意角度。

2.2.2 裁剪工具

素材位置	素材文件 >CH02>02.jpg
实例位置	无
学习目标	学习裁剪工具的使用方法

（扫码观看视频）

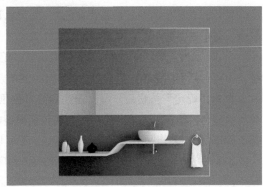

"裁剪"工具 ，可以裁剪图像，还可以重新设置图像的大小。"裁剪"工具选项栏如图2-24所示。

图2-24

01 打开本书学习资源"素材文件>CH02>02.jpg"文件，如图2-25所示。

02 使用"裁剪"工具 ，在图中用鼠标拖拉出裁剪区域，只保留灰色墙体前的洗脸盆和镜子，也可以拖动裁剪框边上的节点对裁剪框进行调节，如图2-26所示。

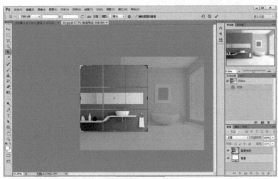

图2-25

图2-26

03 在裁剪区域内双击鼠标，或是按回车键进行裁剪，最终效果如图2-27所示。

TIPS

如果要取消裁剪，只需要按Esc键。

图2-27

2.2.3 设置前景色和背景色

素材位置	无
实例位置	无
学习目标	学习设置前景色和背景色的方法

　　使用工具箱中的前景色和背景色，就可以设置文件的前景色和背景色，置于上方的小色块决定前景色，置于下方的小色块决定背景色。

01 单击"设置前景色"图标，即可打开"拾色器（前景色）"对话框，在色区任意位置单击鼠标左键，即可选择不同颜色作为前景色，如图2-28所示。

02 单击"确定"按钮后，可以观察到前景色色块已经变成蓝色。按快捷键X，可以切换前景色与背景色的颜色。单击工具箱上的图标或按快捷键D，可以将前景色和背景色变为默认的黑白色。

03 除了通过单击鼠标左键选择颜色，还可以通过输入准确的数值确定颜色，设置颜色为橙色（R:200，G:100，B:50），设置后颜色如图2-29所示。

图2-28

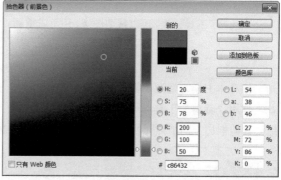

图2-29

04 在Photoshop中颜色是可以任意设置的，但有很多颜色在现实中却不能被印刷出来。在"拾色器"中设置颜色为紫色（R:82，G:69，B:175），此时可以发现，"拾色器"右侧出现警告三角，如图2-30所示。此时警告三角下方，会出现一个能够打印，又与所选颜色最接近的色块，如图2-31所示。只要单击该色块，就能得到一个既能打印，又与所选紫色最接近的颜色。

图2-30

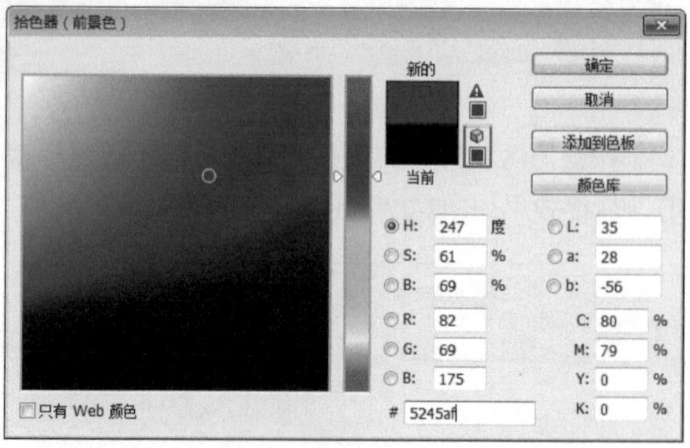

图2-31

05 除了通过工具栏上的颜色色块设置颜色，还可以通过"颜色"面板进行设置，如图2-32所示。

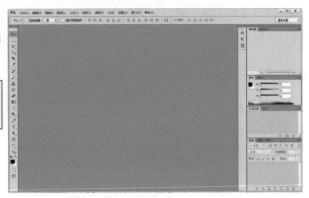

图2-32

06 单击"颜色"面板上的倒三角按钮，在弹出的菜单中可以设置不同的色谱，如图2-33所示。

07 单击"颜色"面板旁的"色板"面板，即可通过"色板"面板选择颜色，还可以在"色板"面板中储存一些经常使用的颜色，如图2-34所示。

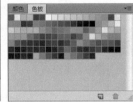

图2-33　　　　　　　　　　　图2-34

08 设置"前景色"为蓝色（R:100，G:200，B:220），如图2-35所示，然后单击"色板"面板底部的"创建前景色的新色板"按钮 ，就可以将刚才新设置的前景色添加到"色板"面板中，如图2-36所示。

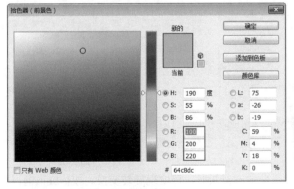

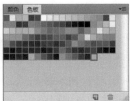

图2-35　　　　　　　　　　　图2-36

09 按住鼠标左键，将刚才新建的颜色拖曳到"删除色板"按钮上🗑，即可删除，如图2-37所示。

图2-37

2.2.4 图像的变换

素材位置	素材文件 >CH02>03.Psd
实例位置	无
学习目标	学习图像的变换的方法

（扫码观看视频）

图像变换的组合键为Ctrl＋T，该命令可以对图层、选区内图层、路径、矢量图形或选取边框进行缩放或旋转变换，变换完后按回车键确定，若按Esc键可以取消变换。

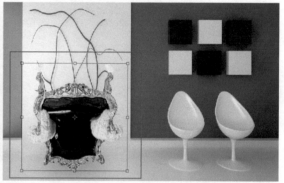

01 打开本书学习资源"素材文件>CH02>03.Psd"文件，如图2-38所示。可以观察到该文件有两个图层。

02 按组合键Ctrl＋T，打开"自由变换"命令，图层被框选住，将光标移动到边框的四周，变成双箭头时，拖动鼠标即可实现缩放变换，如果按住Shift键拖动鼠标，即可实现等比例缩放，如图2-39所示。

图2-38　　　　　　　　　　　　　　　　　　图2-39

03 当光标移动到边界框四角外，变成弯曲的双箭头时，可实现旋转变换。按住Shift键，则按每次15°的角度旋转，如图2-40所示。

04 旋转是以边界框中心位置的圆点✛为中点进行旋转，只需要将圆点移动到边界框任意位置，就可以以此为中点进行旋转，如图2-41所示。

图2-40

图2-41

05 光标移动到边界框上，然后单击鼠标右键，在弹出的菜单中选择"倾斜"命令，此时可将椅子进行倾斜处理，如图2-42所示。选择"扭曲"命令，则可对椅子进行扭曲处理，如图2-43所示。选择"透视"命令，就可以对椅子进行透视处理，如图2-44所示。

图2-42

图2-43

图2-44

06 选择"变形"命令，图像上会出现12个控制节点，通过调整节点可以对图形进行任意变形，如图2-45所示。

07 选择"水平翻转"或"垂直翻转"命令，还可以对图像进行翻转，图2-46所示即为垂直翻转的效果。

图2-45

图2-46

2.2.5 其他工具介绍

下面介绍其他3种较为常用的工具，分别是"抓手"工具 🖑、"缩放"工具 🔍、单位和标尺。

1.抓手工具

利用"抓手"工具 🖑，可以在图像窗口中移动整个画布；当图像被放大时，可以使用"抓手"工具 🖑 移动图像。同时只要有工具被选择，按住空格键，工具就会自动变成"抓手"工具 🖑。

"抓手"工具 🖑 选项栏如图2-47所示。

图2-47

2.缩放工具

"缩放"工具 🔍，可以对图像进行放大和缩小。单击"缩放"按钮 🔍，并单击图像，可以对图像进行放大处理；按住Alt键单击图像，可以对图像进行缩小处理。

"缩放"工具 🔍 选项栏如图2-48所示。

图2-48

3.单位和标尺

Photoshop不是一个可以精确绘制的图形软件，但其在一定程度上仍具有把握图像尺寸的功能。

执行"视图>标尺"菜单命令，就会打开标尺，默认情况下，标尺会出现在当前图像的顶部和左部，如图2-49所示。

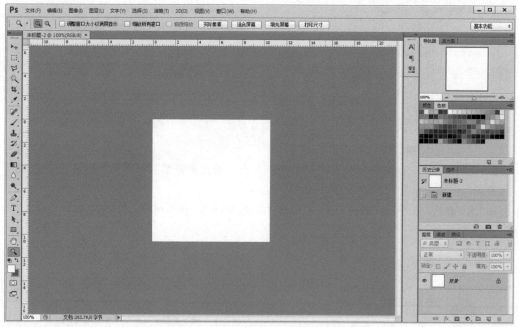

图2-49

在标尺栏上双击或者执行"编辑>首选项>单位与标尺"菜单命令，即可打开"首选项"对话框，如图2-50所示。这里可以设置标尺的"单位""列尺寸"等参数。

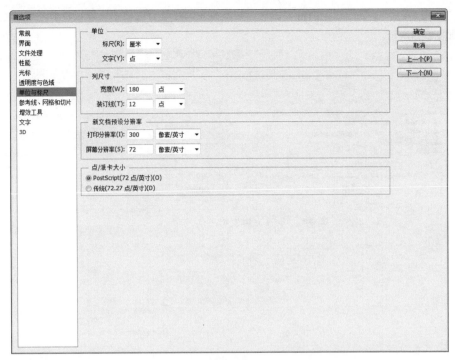

图2-50

　　除了利用标尺，还可以通过参考线来精确定位。在标尺上用鼠标拖曳即可创建参考线，还可以通过执行"视图>新建参考线"菜单命令，打开"新建参考线"对话框，如图2-51所示。

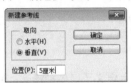

图2-51

执行"视图>显示>网格"菜单命令，图像上将显示网格，如图2-52所示。

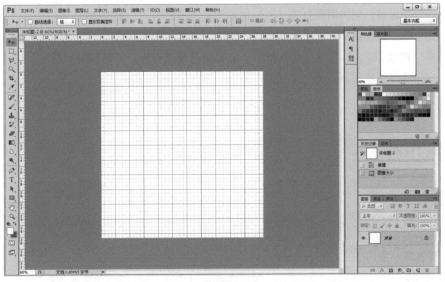

图2-52

执行"编辑>首选项>参考线、网格与切片"菜单命令，在该首选项中可以设置参考线和网格的颜色等参数，如图2-53所示。

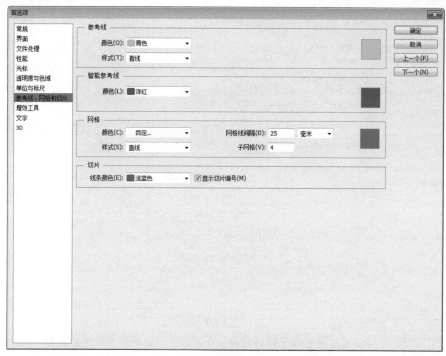

图2-53

2.3 颜色模式

根据颜色的构成原理Photoshop将颜色定义了很多种模式，通过这些颜色模式可以定义、管理颜色。颜色模式是一种组织图像颜色的方法，决定了图像的颜色容量和颜色混合方式。简单地说，颜色模式是一种决定不同用途的图像颜色模型，在处理图像前，明确图像目的（用于显示还是用于打印），使选择相应的颜色模式变得更加重要。

单击菜单"图像>模式"命令，其中包含了很多颜色模式命令，如图2-54所示。

图2-54

2.3.1 RGB颜色模式

素材位置	素材文件 >CH02>04.jpg
实例位置	实例文件 >CH02> RGB 颜色模式 .Psd
学习目标	学习 RGB 颜色模式

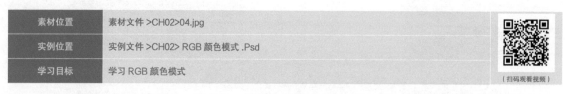

（扫码观看视频）

RGB模式起源于三原色理论，即任何一种颜色都可以由红、绿、蓝3种基本颜色按照不同比例调和而成。计算机的显示器就是按照RGB颜色模式显示颜色的。

　　RGB颜色模式是一种使用最广泛的颜色模式，它由R（red）红、G（green）绿、B（blue）蓝3个颜色通道组成。每个通道的颜色有8位，包含256种亮度级别（从0~255），3个通道混合在一起，就能产生1670多万种颜色。

　　Photoshop CS6的RGB模式将彩色图像中每个像素的RGB分量指定为一个介于0（黑色）~255（白色）的强度值，通过3种颜色叠加，可以产生不同颜色。

01 打开本书学习资源"素材文件>CH02>04.jpg"文件，如图2-55所示。

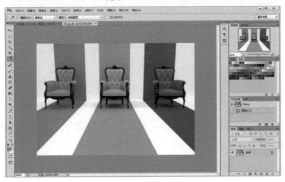

图2-55

02 执行"编辑>首选项>界面"菜单命令，如图2-56所示。

03 在打开的"首选项"对话框中，选择"界面"选项卡，然后勾选"用彩色显示通道"选项，最后单击"确定"按钮关闭对话框，如图2-57所示。

图2-56　　　　　　　　　　　　　　　　图2-57

04 打开"通道"面板，选中其中的蓝色通道，效果如图2-58所示。

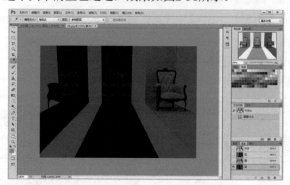

图2-58

TIPS 完成该步骤后，需要再次取消"用彩色显示通道"选项，因为在后面的操作中不需要这样的显示效果。

2.3.2 CMYK颜色模式

素材位置	素材文件 >CH02>05.jpg
实例位置	实例文件 >CH02> CMYK 颜色模式 .Psd
学习目标	学习 CMYK 颜色模式

（扫码观看视频）

CMYK颜色模式，是一种基于油墨印刷的颜色模式，是将青色、洋红、黄色和黑色的油墨组合起来调配出用于打印的各种颜色。

和现实中的印刷一样，CMYK颜色模式具有Cyan（青）、Magenta（洋红）、Yellow（黄）、Black（黑）4个颜色通道。因为在RGB颜色模式中，用B代表蓝色，所以为了不混淆，在CMYK颜色模式中用K代表黑色。CMYK颜色模式也是每个通道的颜色有8位，有256种亮度级别（0~100%），4个通道组合使每个像素具有32位颜色的容量，理论上能产生2^{32}种颜色。虽然CMYK颜色模式也能产生许多种颜色，但其表现力不如RGB模式。若需打印图像，应使用CMYK模式查看效果；如果使用RGB模式查看，则不能查看最终印刷作品的效果。

01 打开本书学习资源"素材文件>CH02>05.jpg"文件，如图2-59所示。

02 执行"图像>模式>CMYK颜色"命令，在弹出的对话框中单击"确定"按钮，最终效果如图2-60所示。

图2-59	图2-60

03 从对比中可以观察到，CMYK颜色模式与RGB颜色模式相比，颜色纯度不高，色彩比较灰暗。

04 依次单击"通道"面板中每个CMYK通道，效果如图2-61~图2-64所示。

图2-61	图2-62

图2-63	图2-64

2.3.3 灰度模式

素材位置	素材文件 >CH02>06.jpg
实例位置	实例文件 >CH02> 灰度模式 .jpg
学习目标	学习彩色图像转换灰度模式方法

（扫码观看视频）

　　"灰度"模式是由黑白灰三色构成，类似于黑白照片的效果。在8位图像中，最多有256级灰度。灰度图像中每个像素都有0~255的灰度值，其中0代表黑色，255代表白色。

　　将彩色图像转换为灰度模式，就能反映原彩色图像的亮度关系，即每个像素的灰阶对应原像素亮度。

01 打开本书学习资源"素材文件>CH02>06.jpg"文件，如图2-65所示。

02 执行"图像>模式>灰度"菜单命令，然后在打开的"信息"对话框中，单击"扔掉"按钮，即可将色彩图像转换为灰度模式，如图2-66所示。

图2-65

图2-66

2.3.4 Lab颜色模式

素材位置	素材文件 >CH02>07.jpg
实例位置	实例文件 >CH02> Lab 颜色模式 .Psd
学习目标	学习彩色图像转换灰度模式方法

（扫码观看视频）

　　Lab颜色模式具有明度、a、b三个通道，其中明度通道表现了图像的明暗度，范围是0~100；a通道和b通道是两个专色通道，a通道范围从绿色到红色，b通道范围从黄色到蓝色。Lab颜色模式具有最宽的色域，包括RGB和CMYK色域中的所有颜色，因此当由其他颜色模式转换为Lab颜色模式时，不必经过减色处理，图像也不会出现颜色失真问题。

　　在效果图后期处理时，可以通过对明度通道进行锐化来加强画面效果。

01 打开本书学习资源"素材文件>CH02>07.jpg"文件，如图2-67所示。

02 执行"图像>模式>Lab颜色"菜单命令，将RGB模式的转换为Lab颜色模式，如图2-68所示。

图2-67

03 打开"通道"面板，然后选中"明度"通道，图像效果如图2-69所示。

图2-68　　　　　　　　　　　　　　　　图2-69

04 执行"滤镜>锐化>USM锐化"菜单命令，如图2-70所示。

05 在弹出的"USM锐化"对话框中，设置"数量"为156%、"半径"为2像素，如图2-71所示。设置完毕后，单击"确定"按钮即可。

06 在"通道"面板上，单击Lab通道，图像效果如图2-72所示，原图与最终效果对比图如图2-73所示。

图2-70　　　　　　　图2-71　　　　　　　　　　图2-72

图2-73

课后练习——添加装饰画

素材位置	素材文件 >CH02>08.jpg、09.jpg
实例位置	实例文件 >CH02> 添加装饰画 .Psd
学习目标	练习变换工具将装饰画进行处理

（扫码观看视频）

课后练习——添加沙发

素材位置	素材文件 >CH02>10.jpg、11.png
实例位置	实例文件 >CH02> 添加沙发 .Psd
学习目标	练习变换工具将沙发进行处理

（扫码观看视频）

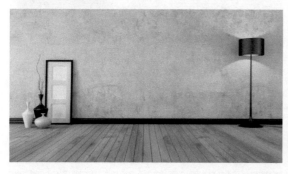 

03 创建并编辑选区

本章主要讲解Photoshop软件选区的创建及编辑的方法和技巧。通过本章学习，读者可以根据不同的需要采用不同的工具制作选区并编辑选区。

本章学习要点：

- 掌握选区的创建
- 掌握选区的编辑

3.1 创建选区

选区可以分为规则选区和不规则选区，分别对应规则的对象和不规则的对象，如图3-1和图3-2所示。以下讲解常用的选区工具。

图3-1　　　　　图3-2

3.1.1 选框工具

"选框"工具就是规则选区工具，共有4种，分别是"矩形选框"工具 ▦、"椭圆选框"工具 ◯、"单行选框"工具 ┅ 和"单列选框"工具 ▯。默认选项为"矩形选框"工具 ▦。下面将对其进行介绍。

1.矩形选框工具

素材位置	无
实例位置	实例文件 >CH03> 矩形选框工具 .Psd
学习目标	学习矩形选框工具的使用方法

（扫码观看视频）

使用"矩形选框"工具 ▦，可以按住鼠标左键在图像上拉出矩形框。如果同时按住Shift键，则可以拉出一个正方形选框。选中"矩形选框"工具 ▦ 后，工具栏如图3-3所示。

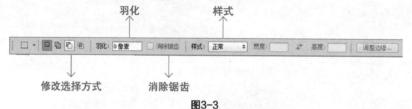

图3-3

01 执行"文件>新建"菜单命令，新建一个空白文件，参数设置如图3-4所示。

02 设置"前景色"为蓝色，然后按组合键Alt＋Delete将前景色填充，如图3-5所示。

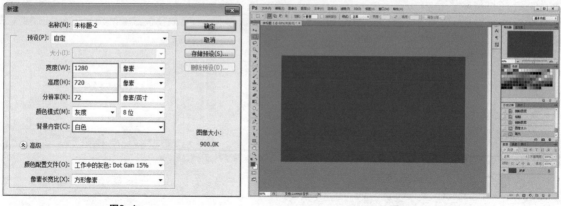

图3-4　　　　　　　　　　　　　　　　图3-5

03 在工具箱中选择"矩形选框"工具 ▦，在视图中拖曳鼠标，绘制矩形选框，如图3-6所示。

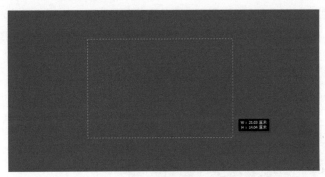

图3-6

通常情况下，按下鼠标的那一点是选区的左上角，松开鼠标的那一点是选框的右下角。如果按住Alt键在视图中拖曳鼠标，这时按下的那一点为选区中心点，松开鼠标那一点为选区右下角。

04 单击鼠标右键，在弹出的菜单中选择"取消选择"选项，即可取消选框，或者按组合键Ctrl＋D。然后按住Shift键绘制一个正方形选区，如图3-7所示。

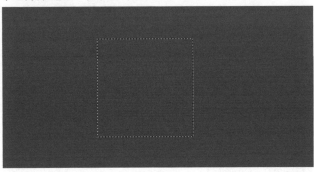

图3-7

将鼠标放在选框上时，鼠标光标会变成带虚线箭头状，拖曳鼠标，可以调整选区位置。也可以用键盘上的方向键移动，按键一次可将选区移动1像素。

05 设置"羽化值"为0，然后创建一个矩形选区，并保持选区的浮动状态，接着单击"图层"面板下的"创建新图层"按钮，新建"图层1"，再将"前景色"设置为红色，按组合键Alt＋Delete填充，最后取消选框，效果如图3-8所示。

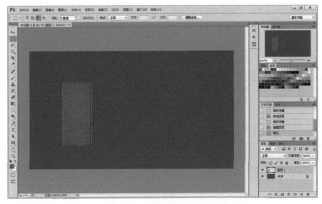

图3-8

06 将"羽化值"分别设置为10和30，按照上一步的方法创建出两个矩形选区，如图3-9所示。

07 将"羽化值"设置为200，然后在图片上创建一个差不多大的矩形选框，会弹出图3-10所示的对话框。

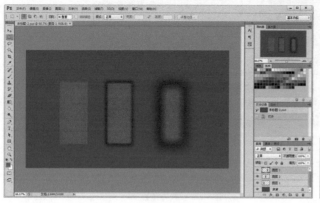

图3-9　　　　　　　　　　　　　　　图3-10

> **注意**
>
> 下面将讲解矩形工具选项栏的主要参数。
>
> （1）修改选择样式：由"新选区" ▣、"增加到新选区" ▣、"从选区减去" ▣ 和"与选区交叉" ▣ 4种方式。
>
> ①"新选区" ▣：去掉旧的选区，选择新的区域。
>
> ②"增加到选区" ▣：在原有选区的基础上，增加新的选择区域。
>
> ③"从选区减去" ▣：在原有选区的基础上，减去新的选择区域与旧选择区域交叉的部分。
>
> ④"与选区交叉" ▣：将原有选区与新选区相交叉的部分保留下来，作为最终选择区域。
>
> （2）羽化：羽化可以柔化选择区域的边界，也就是使选区区域边界产生一个过渡区域，以便于和其他图像的相互融合。羽化值越大，效果越明显。 
>
> 正常 ⬍
> 正常
> 固定比例
> 固定大小
>
> 图3-11
>
> （3）样式：用来规定矩形选框的形状。样式下拉菜单中有正常、固定比例、固定大小3个选项，如图3-11所示。
>
> ①正常：默认选择方式，也是最常用的方式。在这种方式下，可用鼠标拖曳出任意矩形。
>
> ②固定比例：在这种方式下，可以任意设定矩形的宽高比，系统默认的宽高比为1∶1。
>
> ③固定大小：在这种方式下，可以根据输入宽和高的数值，精确的确定矩形的大小，单位为像素。

2.椭圆选框工具

"椭圆选框"工具主要用于创建圆形选区；同时按Shift键可以绘制正圆形。"椭圆选框"工具和"矩形选框"工具的创建选区方法完全相同。"椭圆选框"工具的选项栏如图3-12所示。

图3-12

从图中可见"椭圆选框"工具和"矩形选框"工具的工具栏命令完全一样，只是增加了"消除锯齿"选项。勾选该选项后，可以使圆形边框变得平滑，平时使用时默认勾选即可。

3.单行选框工具

"单行选框"工具，是使用鼠标在图层上拖曳出一条横向的像素为1的选框。其选项栏中只有选择方式可选，用法和矩形选框相同，羽化值只能为0，样式不可选，如图3-13所示。

图3-13

4.单列选框工具

"单列选框"工具，是使用鼠标在图层上拖曳出一条竖向的像素为1的选框。其选项栏的内容与用法和"单行选框"工具完全相同。

3.1.2 套索工具组

套索工具组可用来徒手绘制不规则选择外框，从而获得选区。套索工具组包含3种工具，分别是"套索"工具、"多边形套索"工具和"磁性套索"工具。

1.套索工具

"套索"工具是用鼠标自由绘制选区的工具。选中"套索"工具，将鼠标移动到图像上后，即可拖曳鼠标选取所需要的范围。如果选取的起点与终点未重合，Photoshop会自动封闭成一个完整的曲线；按住Alt键在起点处与终点处单击，可绘制直线。

"套索"工具的选项栏，如图3-14所示。

图3-14

"套索"工具选项栏的参数和用法与"矩形选框"工具相同，这里就不重复介绍。

2.多边形套索工具

素材位置	素材文件 >CH03>01.jpg
实例位置	实例文件 >CH03> 多边形套索工具 .Psd
学习目标	学习多边形套索工具的使用方法

（扫码观看视频）

在实际操作中，大多数图像都是不规则的，很少出现规则的圆形或者方形，所以要选择不规则选区，就要采用一些能够选择不规则形状的工具。

"多边形套索"工具是一种靠鼠标单击一个个节点绘制选区的工具，也是实际工具中最常用的选区工具之一。

01 打开本书学习资源"素材文件>CH03>01.jpg"文件，如图3-15所示。

02 在工具栏选中"多边形套索工具" ，然后沿着建筑的外轮廓单击鼠标左键，将所有点连接在一起，最终效果如图3-16所示。

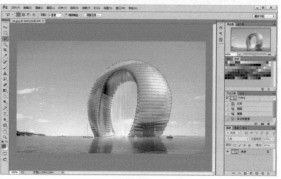

图3-15   图3-16

TIPS   按住Shift键可以加选，按住Alt键可以减选。

03 单击"图层"面板下的"创建新图层"按钮 ，新建"图层1"，再将"前景色"设置为白色，按组合键Alt＋Delete填充，效果如图3-17所示。

04 在"图层"面板中，设置"不透明度"为25％，然后按组合键Ctrl＋D取消选区，最终效果如图3-18所示。

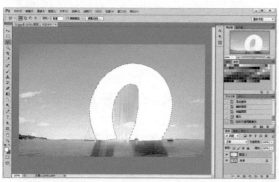
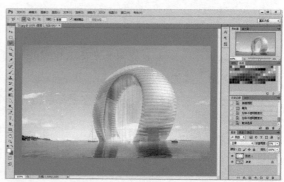

图3-17   图3-18

3.磁性套索工具

"磁性套索"工具 是一种具有可自动识别边缘的套索工具，针对颜色区别比较大的物体特别管用。选中"磁性套索"工具 后，将光标移动到图像上单击选区起点，然后沿着物体边缘移动光标（无需按住鼠标），当回到起点时，光标右下角会出现一个小圆圈，表示选择区域已封闭，再单击鼠标即可完成操作。

"磁性套索"工具 选项栏如图3-19所示。

图3-19

> **注意**
>
> "磁性套索"工具选项栏与"套索"工具选项栏相比，增加了宽度、频率、对比度和钢笔压力等参数，下面将重点讲解以下参数。
>
> 宽度：用于设置磁性套索工具在选区时的探查距离。数值越大，探查范围越广。
>
> 对比度：用来设置套索的敏感度。可输入1%~100%的数值，数值越大，选区越精确。
>
> 频率：用来确定套索连接点的连接频率。可输入1~100的数值，数值越大，选区外框节点越多。
>
> 钢笔压力：用来设定绘图板的钢笔压力。只有安装了绘图仪和驱动程序的情况下才可以使用。

3.1.3 魔棒工具及快速选择工具

1.魔棒工具

"**魔棒**"工具是非常重要的常用工具，其作用原理是通过单击选择颜色，从而选择与单击颜色一致的全部颜色，但如果被选图片颜色过于丰富，则不适用于该工具组。

素材位置	素材文件 >CH03>01.jpg
实例位置	实例文件 >CH03> 多边形套索工具 .Psd
学习目标	学习多边形套索工具的使用方法

（扫码观看视频）

"**魔棒**"工具选项栏如图3-20所示。

图3-20

01 打开本书学习资源"素材文件>CH03>02.jpg"文件，如图3-21所示。

02 在工具栏，选择"魔棒"工具，然后在选项栏中设置"容差"为10，接着选择图片中的白色墙面，效果如图3-22所示。

图3-21

图3-22

03 将选项栏中的"容差"设置为60，再次在同一位置单击，选区范围如图3-23所示，可以观察到，选区范围变大了。

04 保持选项栏中的"容差"为60不变，然后勾选"连续"选项，选择白色墙面，效果如图3-24所示，接着取消勾选"连续"选项，选择白色墙面，效果如图3-25所示。

图3-23　　　　　　　　　图3-24　　　　　　　　　图3-25

05 按组合键Ctrl＋D，取消选择，然后按组合键Ctrl＋J将"背景"图层复制成一个新图层"图层1"，接着按组合键Ctrl＋T将其缩小，如图3-26所示。

06 在选项栏中，勾选"对所有图层取样"选项，然后单击白色墙面，效果如图3-27所示，可以观察到，两个图层的白色墙面都被选中。

图3-26　　　　　　　　　　　　　　　图3-27

注意

下面主要讲解"魔棒"工具选项栏的主要参数。

取样大小：即取样点像素的大小，具体选项如图3-28所示。

容差：数值越小，选区的颜色越精确，数值越大，选区的颜色范围越大，但精度会下降。容差选项中，可以输入0~255的数值，系统默认为32。

连续：勾选该选项后，只能选择色彩相近的连续区域；不勾选，将选择图像上所有色彩相近的区域。

对所有图层取样：勾选该选项后，可以选择所有可见图层，不勾选，只能在应用图层起作用。

图3-28

2.快速选择工具

"快速选择"工具 是根据拖曳鼠标范围内的相似颜色来选择物体。"快速选择"工具 选项栏如图3-29所示。

图3-29

3.1.4 色彩范围命令

（扫码观看视频）

素材位置	素材文件 >CH03>03.jpg
实例位置	实例文件 >CH03> 色彩范围命令 .Psd
学习目标	学习色彩范围命令的使用方法

"色彩范围"命令是一个用于制作选区的命令，可以根据图片中的颜色分布生成选区。

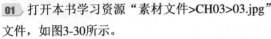

01 打开本书学习资源"素材文件>CH03>03.jpg"
文件，如图3-30所示。

02 要选择图中所有绿色木质的选区，这时可执行
"选择>色彩范围"菜单命令，然后会弹出图3-31所
示的对话框。

03 当打开对话框后，鼠标光标自动切换为"吸
管"工具，然后使用"吸管"工具，吸取房顶绿色
木质，此时"色彩范围"对话框如图3-32所示，白
色区域即为被选择区域。

图3-30

04 将"颜色容差"设置为100，此时可以观察到对话框中的白色区域变多，图片中绿色木质基本都被
选中了，如图3-33所示。单击"确定"按钮后，绿色木质即被选中。

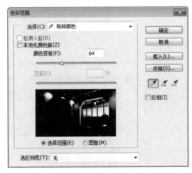

图3-31

图3-32

图3-33

05 在"图层"面板中单击"创建新图层"按钮 ，新建一个"图层1"，然后将"前景色"设置为天
蓝色，接着按组合键Alt＋Delete填充到选择区域内，如图3-34所示。

06 在"图层"面板中，将"模式"从"正常"设置为"颜色"，然后按组合键Ctrl＋D取消选区，最终效果如图3-35所示。

图3-34

图3-35

注意

下面讲解"色彩范围"选项栏重要参数。

选择：确定建立选区的方式。用吸管工具可以通过选择颜色的样本来获取选区。选择下拉框中的样本颜色也可以直接选择一种单色或基于图片的高光、中间调、阴影，从而来选择选区。

颜色容差：和"魔棒"工具的容差作用相同，也是用于识别采集样本的颜色与周围背景色的颜色差异大小，数值越大，选取范围越大。

选择范围/图像：确定预览区域中显示的是选择区域还是原始图像。

选区预览：在图片中预览选区，有如图3-36所示的5种选择。

反向：反向建立选区。

图3-36

3.2 编辑选区

在Photoshop中有很多工具和命令可以创建选区，但有时候创建选区后，还必须根据实际需要进行编辑。

3.2.1 移动、全选、取消、反选选区

素材位置	素材文件 >CH03>04.jpg、05.jpg
实例位置	无
学习目标	学习移动、全选、取消、反选选区的方法

（扫码观看视频）

01 打开本书学习资源"素材文件>CH03>04.jpg"文件，如图3-37所示。

02 继续打开本书学习资源"素材文件>CH03>05.jpg"文件，然后按组合键Ctrl＋C复制，接着在打开的04.jpg中按组合键Ctrl＋V粘贴，并移动合适的位置上，如图3-38所示。

图3-37　　　　　　　　　　　　　　　　图3-38

03 保持图层05选中状态，然后单击鼠标右键，在弹出的菜单中选择"水平翻转"选项，接着按回车键，效果如图3-39所示。

04 在"图层"面板上，选中图层05，然后单击鼠标右键，接着在弹出的菜单中选择"栅格化图层"选项，效果如图3-40所示。

图3-39　　　　　　　　　　　　　　　　图3-40

05 用"魔棒"工具单击图层05的白色区域，然后按Delete键删除刚才所选的白色区域，效果如图3-41所示。

06 按组合键Ctrl＋Z返回上一步，然后在"魔棒"工具被选中的状态下，单击鼠标右键，接着在弹出的菜单中选择"选择反向"选项，或按组合键Ctrl＋Shift＋I，选区效果如图3-42所示。

图3-41　　　　　　　　　　　　　　　　图3-42

07 按Delete键删除反选后的选区，效果如图3-43所示。

图3-43

08 保持"魔棒"工具 的选中状态，然后将"魔棒"工具 放进白色区域，魔棒图标变成虚线三角箭头，此时可自由移动选区，如图3-44所示。

09 按组合键Ctrl＋Z返回上一步，然后使用"移动"工具 ，将鼠标翻入白色区域，接着向下移动，最终效果如图3-45所示。可以观察到，不仅选区被移动，选中的图像也被移动。

图3-44

图3-45

注意

下面将讲解3种选择命令的意义。

全选：将一个图层全部选定，选区与画布大小相同。这种选择方式通常在对整个图层进行复制时使用，组合键为Ctrl＋A。

取消选择：取消图层中的所有选区，组合键为Ctrl＋D。

反选：在图层中反向建立选区。也就是选中没有被选中的区域。

3.2.2 羽化选区

素材位置	素材文件＞CH03＞06.jpg
实例位置	无
学习目标	学习裁羽化选区的使用方法

（扫码观看视频）

　　羽化选区可以对选区的边缘进行柔化。在之前的矩形选框工具中已经详细讲解了它的具体使用方法和作用，不同的是，使用矩形选框工具羽化，必须事先设定好羽化的数值，而修改时的羽化则可以限制好选区之后再羽化。

01 打开本书学习资源"素材文件>CH03>06.jpg"文件，如图3-46所示。

02 按组合键Ctrl＋A全选，然后执行"选择>修改>边界"菜单命令，接着在弹出的"边界"对话框中设置"宽度"为60，效果如图3-47所示。

图3-46　　　　　　　　　　　　　　　　　图3-47

03 按两次组合键Ctrl＋Shift＋I反选选区，然后将"前景色"设置为黑色，再按组合键Alt＋Delete填充，效果如图3-48所示。

04 按组合键Ctrl＋Z返回上一步，取消黑色填充，然后执行"选择>修改>羽化"菜单命令，接着在弹出的"羽化选区"对话框中，设置"羽化半径"为100，如图3-49所示。

图3-48　　　　　　　　　　　　　　　　　图3-49

TIPS　　　　羽化选区的组合键为Shift+F6。

05 按组合键Alt＋Delete填充黑色，然后按组合键
Ctrl＋D取消选区，最终效果如图3-50所示。

图3-50

3.2.3 填充与描边操作

素材位置	素材文件＞CH03＞07.jpg
实例位置	无
学习目标	学习填充与描边操作的方法

（扫码观看视频）

　　填充和描边操作是Photoshop的一个基本操作，在之前的很多练习中，已经用到了填充命令。

　　填充的作用是填充颜色，组合键Alt＋Delete为填充前景色，组合键Ctrl＋Delete为填充背景色。描边
的作用是在线框周围描上细边。

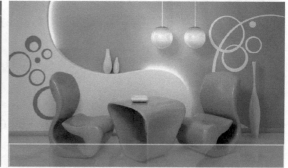

01 打开本书学习资源"素材文件>CH03>07.jpg"文件，效果如图3-51所示。

02 单击"图层"面板上的"新建图层"按钮 ▣，新建一个"图层1"，然后设置"前景色"为蓝色，
最后使用"矩形选框"工具框选出图3-52所示的选框。

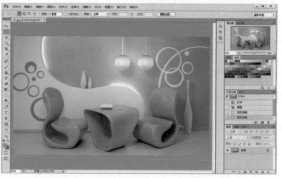

图3-51　　　　　　　　　　　　　　　　图3-52

03 执行"编辑>填充"菜单命令，然后在弹出的"填充"对话框中，设置"不透明度"为50%，最后单击"确定"按钮，如图3-53所示。填充后的效果如图3-54所示。

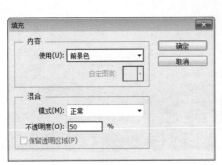

图3-53

图3-54

TIPS　　　　"填充"命令的组合键为Shift+F5。

04 将"前景色"设置为白色，然后执行"编辑>描边"菜单命令，接着在弹出的"描边"对话框中设置参数，具体设置参数如图3-55所示。

05 按组合键Ctrl＋D取消选区，最终效果如图3-56所示。

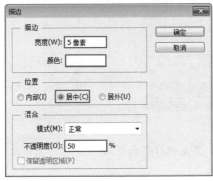

图3-55

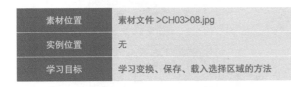

图3-56

3.2.4 变换、保存、载入选择区域

素材位置	素材文件 >CH03>08.jpg
实例位置	无
学习目标	学习变换、保存、载入选择区域的方法

（扫码观看视频）

　　"变换选区"命令可以实现对选区的缩放、旋转等自由变换。"载入/储存选区"命令可以将选区保存起来，保存后可以在后面的操作中随时载入选区。由于在Photoshop中如果建立一个新的选区，旧选区就会消失，基于这个特点，很多时候会将创建的选区储存起来，并且在随后的操作中随时重新载入。选区储存是通过建立新的Alpha通道来实现的。

01 打开本书学习资源"素材文件>CH03>08.jpg"文件，如图3-57所示。

图3-57

02 使用"多边形套索"工具 ，框选出墙面上的装饰画，然后执行"选择>存储选区"菜单命令，在弹出的"储存选区"对话框中将名称定为000，如图3-58所示。

图3-58

03 切换到"通道"面板，可以观察到"通道"面板中多了一个000的Alpha通道，如图3-59所示。

04 执行"选择>载入选区"菜单命令，然后弹出"载入选区"对话框，接着单击"确定"按钮后，刚才创建的选区就出现在原位置上了，如图3-60所示。

图3-59

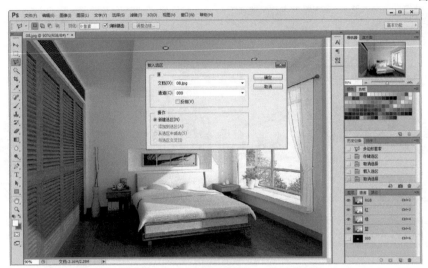

图3-60

05 新建"图层1"，然后执行"编辑>描边"菜单命令，接着弹出"描边"对话框，具体参数如图3-61所示。最终效果如图3-62所示。

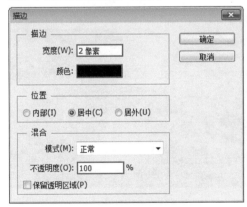

图3-61

图3-62

注意

下面介绍"选择"菜单下其余较为常用的命令。

扩大选区：将选区扩大至邻近的、具有相似颜色的像素区域。

选取相似：将选区扩大至图中任何具有相似颜色的像素区域。

边界：建立一个新的选区框来替换已有的选区。

平滑：可以平滑选区。

扩展：扩大选区范围。

收缩：减小选区范围。

课后练习——替换窗外背景

素材位置	素材文件 >CH03>09.jpg、10.jpg
实例位置	实例文件 >CH03> 替换窗外背景 .Psd
学习目标	练习选择工具和变换工具的用法

（扫码观看视频）

课后练习——替换天空背景

素材位置	素材文件 >CH03>11.jpg、12.png
实例位置	实例文件 >CH03> 替换天空背景 .Psd
学习目标	练习选择工具和变换工具的用法

（扫码观看视频）

04 绘图与图像修饰

本章主要讲解Photoshop绘图与图像修饰工具，包括绘图工具和历史记录两大类工具。通过对本章的学习，读者能更好、更准确地处理图像。

本章学习要点：

- 掌握绘图工具
- 掌握图像修饰工具
- 掌握历史记录面板的使用

4.1 吸管工具

"吸管"工具 ，是常用的取色工具，通过"吸管"工具 可以在图像上快速获取需要的颜色。

选中"吸管"工具 ，然后在黄色墙面上单击鼠标，这时可以观察到"前景色"转换成单击位置的黄色，如图4-1所示。

按住Alt键，同时使用"吸管"工具 单击白色茶几，这时可以观察到"背景色"转换成单击位置的白色，如图4-2所示。

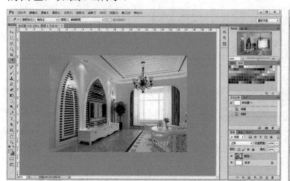
图4-1

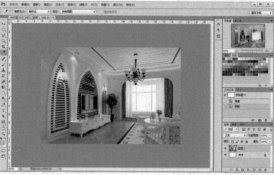
图4-2

4.2 画笔、铅笔工具

画笔、铅笔工具是直接采用鼠标或绘图仪进行绘画的工具，和现实中彩笔、铅笔的作用相似。无论画笔工具还是铅笔工具，其参数预设值都要在画笔面板中进行设置。

4.2.1 画笔工具

执行"窗口>画笔"菜单命令，可以打开"画笔"面板，如图4-3所示；也可以单击"画笔"选项栏右侧的箭头图标 ，打开"画笔"面板，如图4-4所示。

图4-3所示的"画笔"面板主要由3个部分组成，左侧参数控制画笔的属性，右侧部分确定画笔属性的具体参数，最下方为画笔的预览效果。单击右侧的下拉箭头 ，还可以打开图4-5所示的下拉菜单，从中可以选择Photoshop软件预设的各种画笔样式。

图4-3

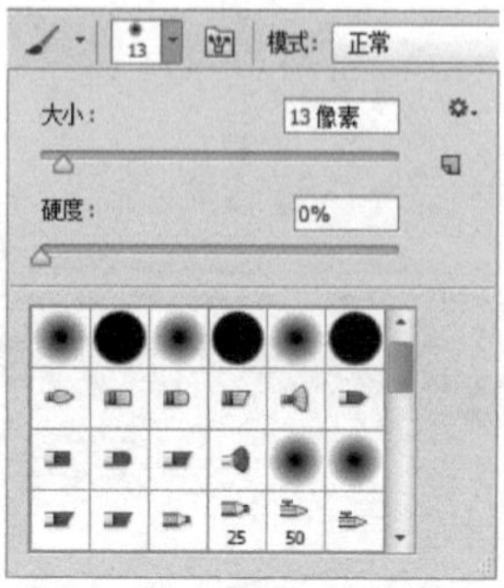

图4-4

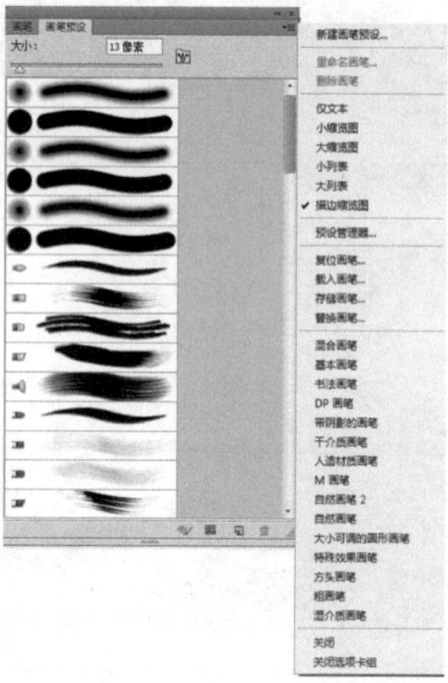

图4-5

"画笔笔尖形状"参数可以控制画笔的直径、硬度、间距、角度等属性。选中"画笔笔尖形状"选项，然后选择其中的草形状画笔，设置"画笔笔尖"参数如图4-6所示。

大小：可以控制画笔的大小，范围是1~2500像素。在输入框中输入数值或调解滑块，都可以设置画笔的大小。

翻转X、翻转Y：可以将画笔对应X轴或者Y轴进行翻转。

角度：可以设置画笔旋转的角度，在输入框输入数值即可。

圆度：可以控制画笔长短的比例。

硬度：控制画笔硬度。数值越大，边缘越清晰，反之边缘越柔和。但是某些画笔无法启用这个选项。

间距：控制画笔描边中两个画笔笔迹之间的距离，可输入数值或调解滑块。

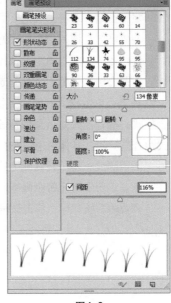

图4-6

形状动态：主要用于编辑画笔在绘制时的变化情况。

分散：用于设定相似绘制时画笔标记的数目和分布。

纹理：用于设定画笔和图案纹理的混合方式。

双重画笔：用于创建两种画笔混合效果。

颜色动态：用于设定画笔的色彩性质。

其他动态：设置不透明度和流动选项的动态效果。

杂色：为画笔添加毛刺效果。

湿边：可以使画笔具有水彩笔渲染效果。

喷枪：使画笔具有喷枪效果。

平滑：使画笔边缘平滑。

保护纹理：使画笔保持纹理设置。

创建新画笔：如果对一个预设的画笔进行了调整，可以单击"创建新画笔"按钮，将修改后的画笔创建一个新的画笔。Photoshop会自动保存新画笔。

选择"画笔"工具，在画面中单击并拖曳鼠标就可用前景色绘制线条。图4-7所示是"画笔"工具的选项栏。

图4-7

单击"画笔"选项栏右侧的箭头图标，打开"画笔"面板，如图4-8所示。其参数与"笔尖形状"参数意义一致，这里就不再讲解。单击右侧的齿轮按钮，弹出图4-9所示的菜单。

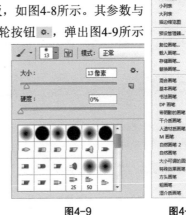

下面介绍参数栏重要选项。

新建画笔预设：为新设置好的画笔命名。

重命名画笔：为所选的画笔重命名。

删除画笔：删除所选择的画笔。

仅文本：只显示画笔名称和大小。

小缩览图：默认的显示方式，只显示画笔预设效果和大小。

图4-9 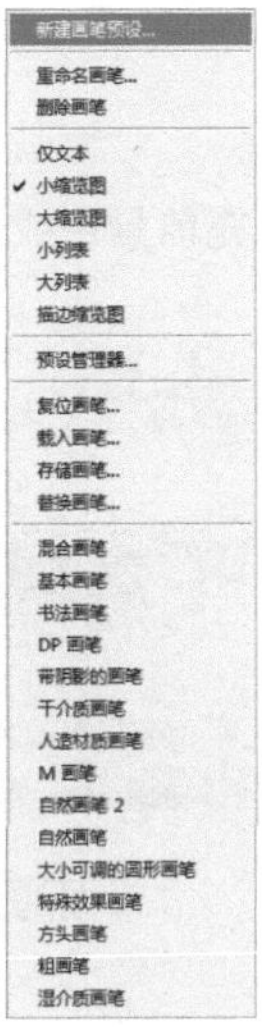　　　　图4-8

预设管理器：设定"画笔"工具 ✐ 的预置。

复位画笔：可将"画笔"面板还原为Photoshop的安装时状态。

载入画笔：调入储存的画笔。可以导入外部资源的画笔文件。

替换画笔：载入画笔，替代当前画笔。

下面介绍"画笔"工具 ✐ 选项栏重要参数。

模式：单击模式右侧的下拉框，弹出图4-10所示的下拉菜单。这些选项都是不同的混合模式。混合模式是效果图修改中的常用参数命令，作用是将两个不同的图像以不同的方式混合在一起，具体应用将在混合模式中详细讲解。

不透明度：用于设置画笔的不透明度，数值越小，在绘制时的颜色越淡。

流量：用于设定每个画笔点的色彩浓度和百分数。

"喷枪"按钮 ✐：单击该按钮后，画笔具有喷枪的功能。

图4-10

4.2.2 铅笔工具

"铅笔"工具 ✐ 使用方法和画笔相同。与"画笔"工具 ✐ 的区别在于，"画笔"工具 ✐ 可以绘制带有柔边效果的线条，而"铅笔"工具 ✐ 只能绘制硬边线条。由于"铅笔"工具 ✐ 不支持消除锯齿功能，因此绘制的倾斜边缘会带有明显的锯齿。

"铅笔"工具 ✐ 选项栏中的参数与画笔工具选项栏基本一致，只是多了一个"自动涂抹"参数，如图4-11所示。

图4-11

自动涂抹：勾选后，在前景色绘制的线条上重新绘制时，会自动用背景色替换前景色。

4.3　渐变、油漆桶工具

"渐变"工具 ▣，可以创建多种颜色逐渐混合的渐变效果。"油漆桶"工具 ▧，可以在图像中填充前景色或图案。

4.3.1 渐变工具

素材位置	无
实例位置	实例文件 >CH04> 渐变工具 .Psd
学习目标	学习"渐变"工具的使用方法

（扫码观看视频）

下面通过一个实例来学习"渐变"工具 ▣。

01 执行"文件>新建"菜单命令，新建一个空白文件，参数设置如图4-12所示。

02 设置"前景色"为蓝色，然后按组合键Alt＋Delete将前景色填充，如图4-13所示。

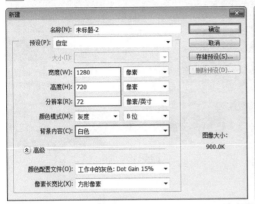 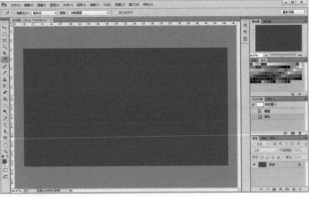

图4-12 图4-13

03 单击"创建新图层"按钮 ，然后在工具箱中选择"椭圆选框"工具 ，在视图中拖曳鼠标，绘制椭圆选框，如图4-14所示。

04 单击"渐变"工具 ，在渐变编辑器中设置颜色，如图4-15所示。

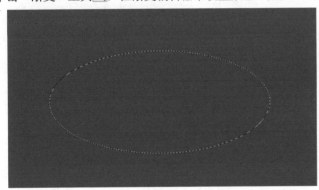 

图4-14 图4-15

05 选择"径向渐变"模式 ，从椭圆选框右下侧向左上侧拖曳出渐变效果，如图4-16所示。

06 单击"创建新图层"按钮 ，再新建一个图层，然后设置为透明到白色渐变，如图4-17所示。

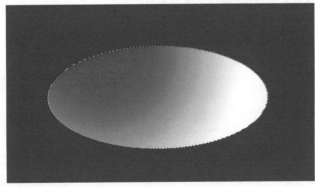 

图4-16 图4-17

07 继续使用"椭圆选框"工具 ，在视图中拖曳鼠标，绘制椭圆选框，如图4-18所示。

08 选择"对称渐变"模式 ▣，然后从椭圆底部到顶部拖曳出一个渐变，效果如图4-19所示。

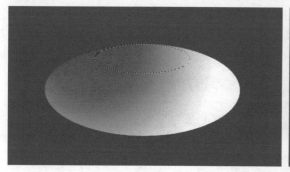

图4-18   图4-19

1.渐变工具栏

选择"渐变"工具 ▣ 后，会出现渐变工具选项栏，如图4-20所示。

图4-20

使用"渐变"工具 ▣ 时，要设置好渐变方式和渐变颜色，然后用鼠标在图像上单击起点，再拖曳出渐变方向，最后单击选中终点。按住Shift键，可以创建水平、垂直和45°的渐变。

渐变颜色 ，显示了当前渐变的颜色。单击右侧的三角按钮，可以打开图4-21所示的面板，其中有预设好的渐变。单击渐变色条，可以打开"渐变编辑器"对话框，如图4-22所示。

图4-21   图4-22

Photoshop提供了以下5种渐变类型。

线性渐变 ▣：可以创建以直线方式从起点到终点的渐变，如图4-23所示。

径向渐变 ▣：可以创建以圆形图案从起点到终点的渐变，如图4-24所示。

角度渐变 ▣：可以创建围绕起点的逆时针方式渐变，如图4-25所示。

对称渐变 ▣：可以创建对称式的线性渐变，如图4-26所示。

菱形渐变 ▣：可以创建以菱形方式从起点向外且终点为一个菱形的渐变，如图4-27所示。

图4-23   图4-24   图4-25   图4-26   图4-27

模式：用来设置应用渐变时的混合模式，与"画笔"选项栏中的混合模式作用相同。

不透明度：用来设置渐变效果的不透明度。

反向：勾选后，可以反转渐变颜色顺序。

仿色：勾选后，可以使渐变颜色之间过渡平滑，防止出现过程中断现象。该选项为默认勾选。

透明区域：只有勾选此项，不透明度的渐变设定才会生效。

2.渐变编辑器

单击工具选项栏中的渐变颜色 ，打开"渐变编辑器"对话框，然后选择预设的"黑白渐变"，如图4-28所示。

用鼠标单击色标按钮 ，色标上方的三角形会自动变黑，表示该色标处于选中状态，此时，就可以设置色标的颜色，下方的"颜色"选项 颜色: 变为可选模式，单击色块，即可打开"拾色器"对话框设置颜色，如图4-29所示。同理，单击渐变轴右下方的色标可以设置另一个渐变色。

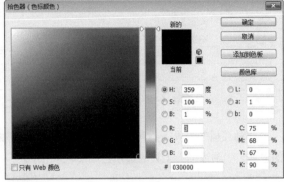

图4-28   图4-29

若是想在渐变中加入新颜色，只需要单击渐变轴下方，就会自动生成一个新的色标，依照上一步的方法设置颜色，如图4-30所示。

选中任意一个色标，可以在渐变轴上拖动位置，也可以在下方"位置"中输入数值，范围是0%~100%。0%为最左端，100%为最右端。

单击色标后，会在两个色标之间出现一个菱形 ，拖动菱形图标可以调整两个色标颜色混合的位置。菱形图标越靠近某一种颜色，渐变也越急促，如图4-31所示。

图4-30   图4-31

选中色标后，单击"删除"按钮，或者用鼠标左键按住色标向上或向下拖动鼠标也可以删除色标。

在"渐变编辑器"对话框的"渐变类型"下拉菜单中，选择杂色选项。"杂色"选项可以使渐变随机分布指定的颜色范围内的所有颜色，相比实色，渐变分布更加丰富，如图4-32和图4-33所示。

图4-32   图4-33

TIPS   "粗糙度"用来控制渐变中两个色带之间的转换方式，值越小，颜色过渡越平滑。

单击"随机化"按钮，系统会自动随机生成不同的渐变，如图4-34所示。

单击渐变条上方的色标▼，可以控制所在位置颜色的透明度，但前提是必须先确认选项栏的"透明区域"为勾选状态。将起点处的不透明度改为0%，终点处为100%，效果如图4-35所示。

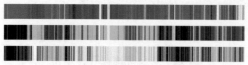

图4-34

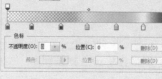

图4-35

TIPS　不透明度色标与颜色色标的用法一致。

4.3.2 油漆桶工具

"油漆桶"工具，可以用前景色填充所选区域，如果没有创建选区，则填充与鼠标单击颜色相近的区域。"油漆桶"工具的选项栏如图4-36所示。

图4-36

前景：默认为填充前景色。

图案：位于"前景"菜单中，是系统提供的填充纹理，图案如图4-37所示。

模式：设置填充效果的混合模式。

不透明度：设置填充效果的不透明度。

容差：定义可填充像素与鼠标单击处颜色的相似程度。

图4-37

消除锯齿：勾选该选项后，可平滑填充选区的边缘，从而消除锯齿。

连续的：勾选该选项后，只填充与鼠标单击处相连接的像素。

所有图层：勾选该选项后，将对所有可见图层中的颜色填充像素，所有在容差范围内的像素不论是否处于当前图层，都会被填充；取消勾选该选项，则只填充当前图层。

4.4 移动工具

在效果图后期处理中，经常会将配景添加到效果图场景中，这时就需要用到移动工具。移动工具主要用于图像、图层或选择区域的移动。移动工具的快捷键是V。

"移动"工具选项栏如图4-38所示。

图4-38

按住Alt键同时移动对象，则可以在移动的同时复制图像。

在背景图层移动选择的区域，使用移动工具能够移动选择区域内部的图像，还可以显示背景颜色。

在有多个图层情况下，按键盘上的方向键，会相应移动一个像素的距离。按住Shift键再按方向键移动，则一次可以移动10个像素的距离。

"仿制图章"工具🔖，是对图像局部进行仿制，并使仿制的部分与图片完美地结合。在效果图的后期处理中，仿制图章工具是经常用到的一种工具。"图案图章"工具🔖用于图案填充。

4.5.1 仿制图章工具

素材位置	素材文件 >CH04>01.jpg
实例位置	实例文件 >CH04> 仿制图章工具 .Psd
学习目标	学习放置图章工具的使用方法

（扫码观看视频）

下面通过一个实例来学习"仿制图章"工具🔖。

01 打开本书学习资源"素材文件>CH04>01.jpg"文件，如图4-39所示。图像左上角有些凌乱的树枝，影响视觉效果，这时可以使用仿制图章工具，将树枝从画面中去除。

02 在工具栏，选择"仿制图章"工具🔖，然后将"画笔"大小设置为30，接着按住Alt键在树枝周围的天空单击鼠标取样，再松开Alt键移动光标到树枝上，最后拖曳鼠标，树枝即被天空所取代，如图4-40所示。

图4-39

图4-40

TIPS　　在鼠标拖曳过程中，取样点（以"＋"形状进行标记）也会随着鼠标的移动而移动，但取样点和复制图像的位置的相对距离始终保持不变。在处理过程中，多取样几次，这样修改的痕迹就不那么明显了。

"仿制图章"工具🔖的选项栏，如图4-41所示。

图4-41

"仿制图章"工具🔖的选项栏包括画笔、模式、不透明度、流量、对齐、当前图层等参数，其中画笔、模式、不透明度和流量已经在前面的内容介绍过，这里介绍其余重要功能。

对齐：勾选此项后，无论用户停顿和继续拖动鼠标多少次，每一次拖曳鼠标都将接着上一次的操作结果继续复制图像，该功能用于多种画笔复制一张图像。取消勾选后，每拖曳一次鼠标，都会重新开始复制图像，该操作适用于多次复制同一图像。

当前图层：仿制图章只对当前图层取样，选择"用于所有图层"选项后，可以对所有图层中的图像进行取样。

4.5.2 图案图章工具

"图案图章"工具，用于图案填充。"图案图章"工具选项栏如图4-42所示。

图4-42

"图案图章"工具选项栏与"仿制图章"工具选项栏类似，下面介绍不同的功能。

图案：用户可以选择所要复制的图案。单击右侧的下拉小方块，会出现图案面板，里面有储存的预设图案，也可以自己定义图案。

印象派效果：勾选此选项后，复制出来的图像都有一种印象派绘画的效果。

4.6　橡皮擦工具组

橡皮擦工具组包括"橡皮擦"工具、"背景色橡皮擦"工具和"魔术橡皮擦"工具。其作用就是擦除图像的颜色。

4.6.1 橡皮擦工具

"橡皮擦"工具的使用方法和画笔一样，只需要在选中后，按住鼠标左键在图像上拖曳即可，"橡皮擦"工具选项栏如图4-43所示。

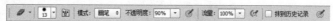

图4-43

模式：有以下3种方式可以选择，如图4-44所示。不同的模式在擦除的效果上有所不同。

　　画笔：被擦除的区域边缘非常柔和。

　　铅笔：被擦除的区域边缘非常锐利。

　　块：以块的形式擦除，边缘也非常锐利。

图4-44

抹到历史记录：该选项的作用相当于历史记录画笔。

利用"橡皮擦"工具，可以擦除图像像素，使擦除部位显示背景色或变为透明。当"橡皮擦"工具擦除背景图层时，作用相当于背景色画笔；当擦除普通图层时，擦除部分就会变透明。

4.6.2 背景橡皮擦工具

"背景橡皮擦"工具，可以不解锁背景图层，直接擦除背景，使其变成透明。"背景橡皮擦"工具选项栏如图4-45所示。

图4-45

下面介绍"背景橡皮擦"工具选项栏的主要参数。

容差：可以通过输入数值或拖动滑快进行调节。数值越低，擦除越精确，擦除的范围越接近本色。但是大的容差会把其他不需要擦除的颜色也擦成半透明。

保护前景色：使画面中与前景色相同的像素不被擦除。

4.6.3 魔术橡皮擦工具

“魔术橡皮擦”工具，是将魔术棒和橡皮擦整合在一起的工具，可以在选择相同颜色像素的同时擦除这些像素。

“魔术橡皮擦”工具选项栏如图4-46所示。

容差: 32
消除锯齿
连续
对所有图层取样
不透明度: 100%

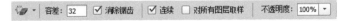

图4-46

魔术橡皮擦与魔棒使用相似，选择该工具后，在图像上单击需要擦除的颜色，便会自动擦除颜色相近的区域。

4.7 模糊、锐化、涂抹工具

“模糊”“锐化”和“涂抹”工具是分别对图像进行模糊化、清晰化和变形化的工具，下面将逐一讲解。

4.7.1 模糊工具

素材位置	素材文件 >CH04>02.jpg
实例位置	实例文件 >CH04> 模糊工具 .Psd
学习目标	学习模糊工具的使用方法

（扫码观看视频）

“模糊”工具，是一种通过画笔使图像变模糊的工具。它的原理是降低像素之间的反差，使画面出现朦胧化效果。在效果图中可以起到突出主题，弱化其他部分的效果，即摄影机的景深效果。

01 打开本书学习资源“素材文件>CH04>02.jpg”文件，如图4-47所示。

02 选择“模糊”工具，然后在选项栏中设置“画笔”为80，“强度”保持默认的50%，接着对画面中远处的配景楼房进行涂抹，根据透视原理，越远的物体越模糊，最终效果如图4-48所示。

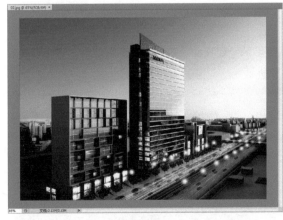

图4-47

图4-48

“模糊”工具选项栏，如图4-49所示。

80
模式: 正常
强度: 50%
对所有图层取样

图4-49

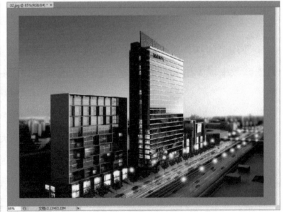

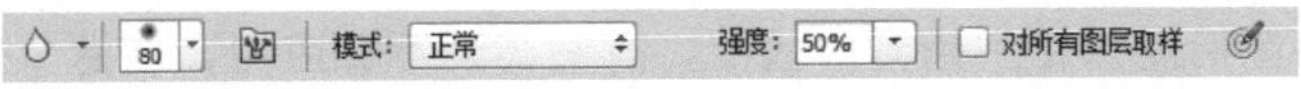

强度：在输入框中输入数值或拖动滑快，可以设置模糊程度，数值越大，模糊效果越强。

用于所有图层：可以使模糊效果作用于所有可见图层。

4.7.2 锐化工具

素材位置	素材文件 >CH04>03.jpg
实例位置	实例文件 >CH04> 锐化工具 .Psd
学习目标	学习锐化工具的使用方法

（扫码观看视频）

"锐化"工具，与"模糊"工具相反，是一种使图像色彩锐化的工具，也就是增大像素间的反差，得到一种边缘清晰的效果。但"锐化"工具不能过度使用，否则便会产生彩色马赛克。

01 打开本书学习资源"素材文件>CH04>03.jpg"文件，如图4-50所示。

02 选择"锐化"工具，然后将"画笔"设置为50，"强度"设置为20％，接着涂抹画面中的金属物体，最终效果如图4-51所示。从图中可以观察到，金属物体的质感被增强了。

图4-50   图4-51

4.7.3 涂抹工具

使用"涂抹"工具时，可以使笔触周围的像素随笔触一起移动，得到一种变形效果。它在实际效果图修改中很少用到。"涂抹"工具选项栏如图4-52所示。

图4-52

与"模糊"工具的选项栏功能大致一样，只是多了一个"手指绘画"选项。

手指绘画：勾选此选项后，可以设定涂抹的色彩，涂抹时将以前景色改变为图像的效果；如果未勾选该选项，则会改变图像的像素分布情况。

4.8 其他工具

这些工具在效果图后期制作中用到的较少，有些甚至不会应用，在这里归为一类，进行简要介绍。

4.8.1 修复画笔

"修复画笔"工具和 "仿制图章"工具 在作用和用法上有许多相似的地方,但是"仿制图章"工具 是对画面进行单纯复制,而"修复画笔"工具 不仅可以复制,还有融合效果。"修复画笔"工具 选项栏如图4-53所示。

图4-53

源:可以选择"取样"和"图案"两个方案。

取样:根据画笔所选像素。

图案:单击右侧三角,系统提供了预设图案,也可以自行定义图案。

4.8.2 修补工具

"修补"工具 与"修复画笔"工具 可以说是一样的,不同的是"修复画笔"工具 是通过画笔进行图像修复的,而"修补"工具 是通过选区进行图像修复的。"修补"工具 选项栏如图4-54所示。

图4-54

源:以取样区域的像素取代选择区域的像素。

目标:以选择区域的像素替换取样区域的像素。

4.8.3 污点修复画笔

"污点修复画笔"工具 ,相当于橡皮图章和普通修复画笔的综合作用。使用"污点修复画笔"工具 不需要定义采样点,可以自动匹配对象,在想要消除的地方涂抹就可以,可以很方便地去除场景中不需要的物体。

4.8.4 红眼工具

"红眼"工具 是专门针对数码相机拍照时眼睛部分发红问题开发的一个工具。"红眼"工具 使用很方便,只需要放大眼睛部分,在红色部分框选即可消除。

以上4种工具常用于人像的后期处理中,在效果图处理中基本用不到。

4.8.5 颜色替换工具

"颜色替换"工具 ,能够使前景色替换图中的颜色,与"图像>调整>替换颜色"菜单命令的作用非常相似,不同的是操作方法不一样。在效果图中是常用到的菜单命令。

"颜色替换"工具 的原理是用前景色替换图像中的指定像素。使用方法很简单,选择好前景色,然后在图像中需要更改的地方涂抹即可。在涂抹时,起点的像素作为基准色,基准色将自动替换成前景色,不同的绘图模式会产生不同的替换效果,常用模式为"颜色"。

"颜色替换"工具 选项栏如图4-55所示。

图4-55

模式：用来设置替换的内容，包括4种模式，如图4-56所示。默认为"颜色"模式，选择该选项时，表示可以同时替换"色相""饱和度"和"明度"模式。

取样：用来设置颜色的取样方式选项如下。

图4-56

连续：在拖曳鼠标时，可以连续对颜色取样。

一次：只替换包含第一次单击的颜色区域中的目标颜色。

背景色板：只替换包含当前背景色的区域。

限制：包含3种模式，如图4-57所示。

连续：在涂抹过程中不断以鼠标位置的像素作为基准色，决定被替换的范围。

图4-57

不连续：替换鼠标所到之处的颜色。

查找边缘：重点替换位于彩色区域之间的边缘部分。

4.9 历史记录应用

历史记录是Photoshop中最为常用的一个功能。Photoshop会自动记录使用者的每一步操作，当使用者发现操作出现错误时，可以方便地退回到没出错的那一步。历史记录包括"历史记录"面板、"历史记录画笔"工具和"历史记录艺术画笔"工具。

4.9.1 历史记录面板和画笔

素材位置	素材文件 >CH04>04.jpg
实例位置	实例文件 >CH04> 历史记录 .Psd
学习目标	学习历史记录面板和历史记录画笔的使用方法

（扫码观看视频）

01 打开本书学习资源"素材文件>CH04>04.jpg"文件，如图4-58所示。

02 执行"滤镜>模糊>径向模糊"菜单命令，设置参数如图4-59所示。径向模糊效果如图4-60所示。

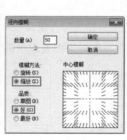

图4-58   图4-59   图4-60

03 使用"历史记录画笔"工具，在图像中心的建筑部分进行涂抹，效果如图4-61所示。可以观察到，建筑已经还原为径向模糊之前的画面效果，但周边的环境仍然是径向模糊效果。

04 这时的"历史记录"面板如图4-62所示。可以观察到，刚才操作的每一个步骤都被记录下来。

05 在"历史记录"面板中，单击任意一步，画面都会退回到选中的步骤状态。单击"打开"，画面将退回至图4-63所示的画面。

图4-61　　　　　　　　　　　　　　　　图4-62

图4-63

1.历史记录面板

通过"历史记录"面板，使用者可以随心所欲地对图像进行编辑，并可以随时在制作步骤过程中，对不满意的操作进行删除并恢复到从前。

执行"窗口>历史记录"就可以打开"历史记录"面板，如图4-64所示。

图4-64

2.历史记录画笔

"历史记录画笔"工具 和"历史记录"面板作用类似，不同的是，历史记录画笔同时还具有画笔的功能，可以局部还原操作。"历史记录"面板会直接返回至上一步，但历史记录画笔可以局部还原至上一步。

"历史记录画笔"工具 选项栏，如图4-65所示。

图4-65

与画笔的选项栏相同，这里就不再详细介绍。

4.9.2 历史记录艺术画笔

"历史记录艺术画笔"工具 ，可以在还原的同时，制作出一种艺术画笔的效果，其使用方法和历史记录画笔相同。

"历史记录艺术画笔"工具 选项栏如图4-66所示。

图4-66

样式：可以选择一种样式来控制画笔描边的形状，确定不同艺术化的绘画风格，其选项如图4-67所示。

区域：用来设置描边覆盖的区域，值越高，覆盖区域越广，描边也越多。

容差：用于区别哪些区域可以应用描边，低容差可以将描边应用于更大范围的区域，高容差则将描边限定在与源状态颜色明显不同的区域。

图4-67

课后练习——用仿制图章工具修改图片

素材位置	素材文件 >CH04>05.jpg
实例位置	实例文件 >CH04> 用仿制图章工具修改图片 .Psd
学习目标	练习仿制图章工具修改图片

（扫码观看视频）

课后练习——改变家具颜色

素材位置	素材文件 >CH04>06.jpg
实例位置	实例文件 >CH04> 改变家具颜色 .Psd
学习目标	练习替换颜色工具修改家具颜色

（扫码观看视频）

05 图像的色彩调整

本章主要讲解Photoshop的图像色彩调整方法及技巧。通过学习本章，读者可以用不同的色彩工具对图像进行色彩和色调的调整，以及对光效的处理。

本章学习要点：

- 掌握图像的色彩色调工具
- 掌握图像调整的方法和技巧
- 掌握图像光效处理方法

5.1 图像色彩调整工具

"图像色彩调整"工具包括3种，分别是"减淡"工具 🔍、"加深"工具 🔍 和"海绵"工具 🔵，下面就对这些工具进行逐一介绍。

5.1.1 减淡工具

素材位置	素材文件 >CH05>01.jpg
实例位置	实例文件 >CH05> 减淡工具 .Psd
学习目标	学习减淡工具的使用方法

（扫码观看视频）

"减淡"工具 🔍 和"加深"工具 🔍，主要用来改变图像的亮调和暗调。经过部分亮化和暗化，来达到改善曝光的效果。

01 打开本书学习资源"素材文件>CH05>01.jpg"文件，如图5-1所示。可以观察到，效果图窗口部分的亮度不够。

02 使用"减淡"工具 🔍，然后在选项栏中设置"画笔"为40像素、"范围"为中间调、"曝光度"为50%，接着在窗口及窗帘区域涂抹，效果如图5-2所示。

图5-1   图5-2

TIPS

涂抹时，必须拖曳鼠标从上到下逐一涂抹，切忌在画面上不停地拖曳鼠标涂抹，这样容易造成亮度不均匀。

03 设置"范围"为高光、"曝光度"为25%，然后在壁灯处涂抹，效果如图5-3所示。

04 设置"范围"为中间调、"曝光度"为25%，然后在门外的走廊处涂抹，最终效果如图5-4所示。

图5-3

图5-4

> **注意**
>
> "减淡"工具🔍的选项栏，主要包括画笔、范围、曝光度等参数，如图5-5所示。
>
> 图5-5
>
> 画笔：用于控制涂抹的大小和笔触形状。
>
> 范围：控制减淡的范围，其中包含阴影、中间调、高光3个选项，如图5-6所示。
>
> 图5-6
>
>   阴影：作用于图像的暗调区域。
>
>   中间调：作用于图像的中间调区域。
>
>   高光：作用于图像的亮调区域。
>
> 曝光度：调整处理时图像的曝光强度，建议平时使用时将曝光度数值设置小一些。

5.1.2 加深工具

素材位置	素材文件 >CH05>02.jpg
实例位置	实例文件 >CH05> 加深工具 .Psd
学习目标	学习加深工具的使用方法

（扫码观看视频）

"加深"工具🔍的作用与"减淡"工具🔍相反，是使图像变暗。"加深"工具🔍与"减淡"工具🔍的选项栏相同。

01 打开本书学习资源"素材文件>CH05>02.jpg"文件，如图5-7所示。这是上个案例中经过减淡提亮的图片。

02 下面加深图片的暗部。使用"加深"工具 🖑，然后在选项栏中设置"画笔"为50像素、"范围"为中间调、"曝光度"为25%，接着在图像中的暗部进行涂抹，效果如图5-8所示。

图5-7   图5-8

5.1.3 海绵工具

"海绵"工具 🖑 是一种调整图像饱和度的工具，可以提高或降低色彩的饱和度。饱和度越高，颜色越艳，但是过高的饱和度，会造成画面过花的视觉感受。

"海绵"工具 🖑 的选项栏包括画笔、模式和压力，如图5-9所示。

图5-9

画笔：用于控制涂抹的大小和笔触形状。

模式：有"降低饱和度"和"饱和"两种模式，如图5-10所示。饱和即提高色彩饱和度。

流量：控制降低或提高饱和度的强度，流量越大，效果越明显，默认值为50%。

图5-10

5.2 调整命令

单击"图像"菜单栏下的"调整"命令，色彩的"调整"命令基本都在该菜单组下，如图5-11所示。

5.2.1 色阶命令

素材位置	素材文件 >CH05>03.jpg
实例位置	实例文件 >CH05> 色阶命令 .Psd
学习目标	学习色阶命令的使用方法

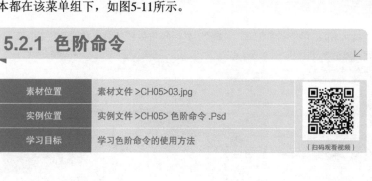

（扫码观看视频）

图5-11

"色阶"命令是通过调整图像暗调、灰调和高光亮度级别来控制图像的明暗、层次及色调的。

01　打开本书学习资源"素材文件>CH05>03.jpg"文件，如图5-12所示。

02　执行"图像>调整>色阶"菜单命令,组合键为Ctrl+L,然后弹出"色阶"对话框,如图5-13所示。

03　拖动滑块，重新设置色阶，如图5-14所示。

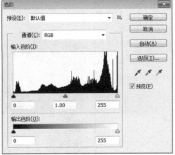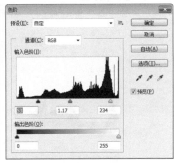

图5-12　　　　　　　　　图5-13　　　　　　　　　图5-14

04　单击"确定"按钮，退出对话框，图像效果如图5-15所示。可以观察到，图像加深了暗部，提亮了高光部分，整体明暗对比相对之前增强。

05　在"历史记录"面板中选择"打开"选项，退回到初始打开状态，然后选择"设置黑场"吸管，在图像最暗处单击一下，接着选择"设置白场"吸管，在图像最亮处单击一下，然后单击"确定"按钮，效果如图5-16所示。可以观察到图像的层次感增强。

图5-15　　　　　　　　　　　　　　　　图5-16

06 选择"通道"中的"红"通道，拖动滑块设置参数，如图5-17所示，效果如图5-18所示。可以观察到画面中红色变少，整体色调偏绿。

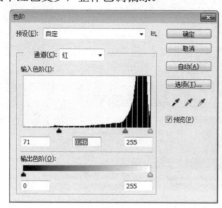

图5-17　　　　　　　　　　　　　　　　　图5-18

07 接着选择"蓝"通道，然后拖动滑块设置参数，如图5-19所示，效果如图5-20所示。可以观察到图像整体色调偏蓝。

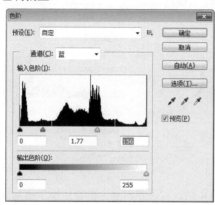

图5-19　　　　　　　　　　　　　　　　　图5-20

注意

下面讲解"色阶"对话框参数，如图5-21所示。

通道：可以选择是对整个图像（RGB）还是对单个颜色通道（红、绿、蓝）进行修改。如果是修改图中的红色区域，就可以只选择红色通道来调整图像中的红色部分。

输入色阶：通过柱状图的形式表现黑白灰，从柱状图可以看出，图像的明暗程度。拖动黑、灰、白3个色阶滑块，分别调整图像的暗调、灰调和高光。位于柱状图最左边的黑色滑块亮度级别为0，向右拖动，则其左边的所有像素亮度级别都将变为0，图像将变暗；位于柱状图最右边的白色滑块亮度级别为255，向左拖动，其位于右边的所有像素亮度级别都将变为255，图像将变亮；位于柱状图中间的灰色滑块是亮度为50%的纯白，左右拖动，可将图中原本较暗或较亮的点定义为中性灰，改变图像的对比度。

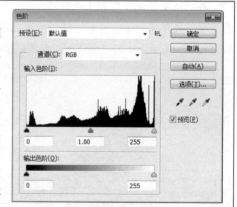

图5-21

输出色阶：改变图像亮度范围。若拖动黑色滑块向右移动，图像变亮；拖动白色滑块向左，则图像变暗。

吸管工具 🖊🖊🖊：从左至右，分别是"设置黑场""设置灰场"和"设置白场"，3个吸管可以调整图像的明暗。

5.2.2　曲线命令

素材位置	素材文件 >CH05>02.jpg
实例位置	实例文件 >CH05> 加深工具 .Psd
学习目标	学习加深工具的使用方法

（扫码观看视频）

"曲线"命令和"色阶"命令一样，都是用来调节图像的明暗和色调。与"色阶"不同的是，"曲线"命令是通过控制曲线的形状来控制明暗和色调的。

01 打开本书学习资源"素材文件>CH05>04.jpg"文件，如图5-22所示。

02 执行"图像>调整>曲线"菜单命令，组合键为Ctrl＋M，弹出"曲线"对话框，然后在坐标图的斜线中点位置单击鼠标左键，增加一个节点，并向上拖动，如图5-23所示，效果如图5-24所示。可以观察到画面整体变亮。

图5-22　　　　　图5-23　　　　　图5-24

03 将中间的节点向下拖动，如图5-25所示，效果如图5-26所示。可以观察到画面整体变暗。

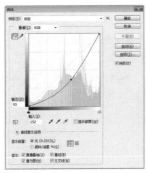

图5-25　　　　　图5-26

04 在斜线中间节点的上下方，各增加一个节点，然后调整位置，如图5-27所示，效果如图5-28所示。可以观察到上部调节可以控制亮度，下部调节可以控制暗部亮度，这样使亮部更亮，暗部更暗。

05 在"历史记录"面板中单击"打开"选项，回到初始状态，然后按组合键Ctrl＋M，打开"曲线"对话框，接着使用"设置黑场"吸管和"设置白场"吸管，吸取画面中最暗部和最亮部，效果如图5-29所示。

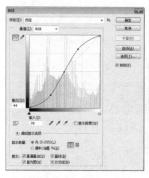
图5-27

图5-28

图5-29

06 单击"取消"按钮，取消上一步操作。再次打开"曲线"对话框，选择"绿"通道，设置图5-30所示的参数；然后选择"蓝"通道，设置图5-31所示的参数，最终效果如图5-32所示。可以观察到画面由原来的冷色调变为了暖色调。

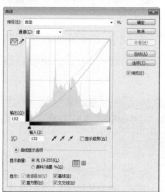
图5-30

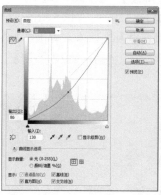
图5-31

图5-32

注意

下面详细介绍"曲线"对话框参数，如图5-33所示。

通道：可以选择对整个图像（RGB），还是对单独某个颜色通道（红、绿、蓝）进行修改。如果是修改图中蓝色区域，就可以只选择蓝色通道来调节。

坐标图：默认曲线是一条45°从下到上的斜线，调节并改变曲线的形状，即可改变限速的输入和输出色阶，从而调节图像的明暗和色调。

吸管工具 ✏ 🖉 🖋：从左至右，分别是"设置黑场""设置灰场"和"设置白场"，3个吸管可以调整图像的明暗。

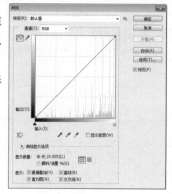
图5-33

5.2.3 色彩平衡命令

（扫码观看视频）

素材位置	素材文件 >CH05>05.jpg
实例位置	实例文件 >CH05> 色彩平衡命令 .Psd
学习目标	学习色彩平衡命令的使用方法

"色彩平衡"命令可以调节图像的色调，还可以分别在阴影、中间调和高光处进行色彩调整。

01 打开本书学习资源"素材文件>CH05>05.jpg"文件，如图5-34所示。

02 执行"图像>调整>色彩平衡"菜单命令，组合键为Ctrl＋B，从图中可以观察到暖色较多，在"色彩平衡"对话框中，设置图5-35所示的参数，效果如图5-36所示。可以观察到整个画面色调变冷。

图5-34

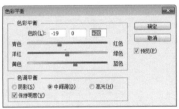
图5-35

图5-36

03 选择"阴影"选项，然后设置图5-37所示的参数，效果如图5-38所示。可以观察到画面中阴影部分色调变冷。

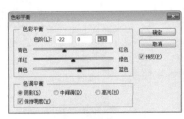
图5-37

图5-38

04 选择"高光"选项，然后设置图5-39所示的参数，效果如图5-40所示。可以观察到画面中高光部分变暖，整个画面有冷暖对比。

图5-39   图5-40
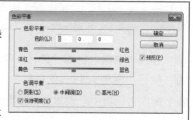

> **注意**
>
> 下面详细讲解"色彩平衡"命令面板参数，如图5-41所示。
>
> 色彩平衡：从上到下3个滑块分别对应"青色/红色""洋红/绿色""黄色/蓝色"3组互补色。色彩平衡是需要看哪种颜色成分过重，然后将滑块移动至互补色一方，以加重其互补色来减弱该颜色。
>
> 色调平衡：可选择"阴影""中间调"和"高光"的色彩平衡。
>
> 保持明度：在平衡色彩时，保持图像中相应色调区的图像明度不变，通常保持默认勾选状态。

图5-41

5.2.4 亮度/对比度命令

素材位置	素材文件 >CH05>06.jpg
实例位置	实例文件 >CH05> 亮度 / 对比度命令 .Psd
学习目标	学习亮度 / 对比度命令的使用方法

（扫码观看视频）

"亮度/对比度"命令，可以整体调节图像的亮度和对比度。"亮度/对比度"命令操作非常简单，只需要拖动滑块就可以增加或减少亮度/对比度。

01 打开本书学习资源"素材文件>CH05>06.jpg"文件，如图5-42所示。

02 执行"图像>调整>亮度/对比度"菜单命令，然后在弹出的"亮度/对比度"对话框中，将"亮度"滑块向右拖动，如图5-43所示，效果如图5-44所示。可以观察到画面整体变亮。

图5-42

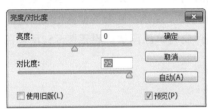

图5-43

图5-44

03 接着将"对比度"滑块也向右拖动，如图5-45所示，效果如图5-46所示。可以观察到画面的对比增强。

图5-45

图5-46

5.2.5 色相/饱和度命令

素材位置	素材文件 >CH05>07.jpg
实例位置	实例文件 >CH05> 色相 / 饱和度命令 .Psd
学习目标	学习色相 / 饱和度命令的使用方法

（扫码观看视频）

　　"色相/饱和度"命令可以调节全图或是某个颜色通道的属性，包括"色相""饱和度"和"明度"。"色相"即物体的固有色；"饱和度"即颜色的纯度，数值越大，颜色越纯；"明度"即颜色的明暗度。

01 打开本书学习资源"素材文件>CH05>07.jpg"文件，如图5-47所示。

02 执行"图像>调整>色相/饱和度"菜单命令，组合键为Ctrl＋U，然后在弹出的"色相/饱和度"对话框中，设置图5-48所示的参数，效果如图5-49所示。

图5-47　　　　　　　　　　图5-48　　　　　　　　　　图5-49

03 接着选择"红色"选项，然后调整色相，如图5-50所示，效果如图5-51所示。可以观察到红色的墙面变成了绿色，其余部分色相没变化。

04 勾选"着色"选项，此时图片变为单色图像。设置图5-52所示的参数，效果如图5-53所示。

图5-50

图5-51　　　　　　　　　　图5-52　　　　　　　　　　图5-53

注意

下面详细讲解"色相/饱和度"命令对话框参数，如图5-54所示。

编辑：在下拉菜单中可以选择编辑全图，或是修改某一颜色通道的颜色属性，如图5-55所示。

色相：通过拖动滑块或输入数值来调节色相。

饱和度：通过拖动滑块或输入数值来调节饱和度。

明度：通过拖动滑块或输入数值来调节亮度。

着色：勾选后，将图像转变为单色调图像。

图5-54　　　　　　图5-55

5.2.6　替换颜色命令

素材位置	素材文件 >CH05>08.jpg
实例位置	实例文件 >CH05> 替换颜色命令 .Psd
学习目标	学习替换颜色命令的使用方法

（扫码观看视频）

"替换颜色"命令，可以利用吸管工具来指定图像中的颜色，然后通过调节指定颜色的"色相""饱和度"和"明度"来实现替换图像中指定颜色的目的。"替换颜色"命令的使用方法和"色彩范围"命令使用方法基本相同，只是多了"色相""饱和度"和"明度"参数调整。

01 打开本书学习资源"素材文件>CH05>08.jpg"文件，如图5-56所示。

02 执行"图像>调整>替换颜色"菜单命令，然后弹出"替换颜色"对话框，如图5-57所示。

03 使用"吸管工具"，然后单击画面中的橙色墙面，接着设置"颜色容差"为150，最后设置"结果"颜色为蓝色，参数如图5-58所示，最终效果如图5-59所示。这样就将原来橙色的墙面替换为蓝色墙面。

图5-56

图5-57

图5-58

图5-59

5.2.7 可选颜色命令

素材位置	素材文件 >CH05>09.jpg
实例位置	实例文件 >CH05> 可选颜色命令 .Psd
学习目标	学习可选颜色命令的使用方法

（扫码观看视频）

"可选颜色"命令也是对图像颜色进行调整的命令。在"可选颜色"命令中提供了很多种颜色以便选择，此外还有黑白灰色调可以选择。

01 打开本书学习资源"素材文件>CH05>09.jpg"文件，如图5-60所示。

02 执行"图像>调整>可选颜色"菜单命令，在弹出的"可选颜色"对话框中，设置"颜色"为蓝色，调整参数如图5-61所示，效果如图5-62所示。可以观察到，图像中蓝色的墙面和沙发修改为绿色。

图5-60

图5-61

图5-62

03 设置"颜色"为中性色，调整图5-63所示的参数，效果如图5-64所示。可以观察到，画面整体变暖，亮度增加。

图5-63

图5-64

5.2.8 照片滤镜命令

素材位置	素材文件 >CH05>10.jpg
实例位置	实例文件 >CH05> 照片滤镜命令 .Psd
学习目标	学习照片滤镜命令的使用方法

（扫码观看视频）

"照片滤镜"命令，相当于在相机镜头前加一个滤光镜后的照片效果，可以达到改变图片色调的作用。

01 打开本书学习资源"素材文件>CH05>10.jpg"文件，如图5-65所示。

02 执行"图像>调整>照片滤镜"菜单命令，在弹出的"照片滤镜"对话框中，设置"滤镜"为加温滤镜（85）、"浓度"为55%，如图5-66所示，效果如图5-67所示。

图5-65

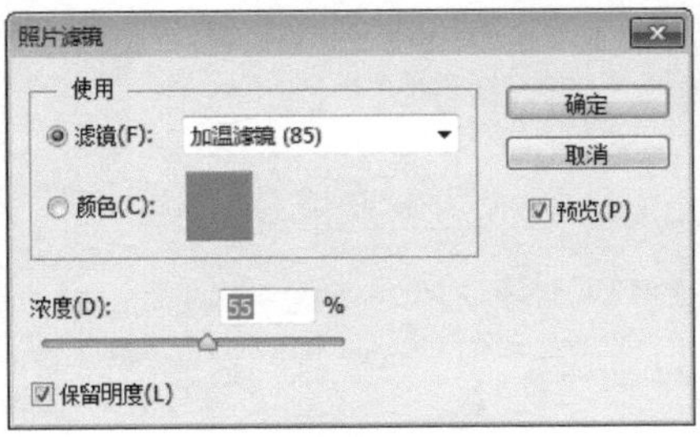

图5-66

图5-67

03 设置"滤镜"为加温滤镜（81）、"浓度"为55%，如图5-68所示，效果如图5-69所示。

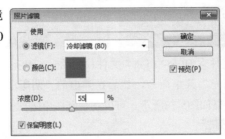

图5-68

图5-69

04 设置"滤镜"为冷却滤镜（80）、"浓度"为55%，如图5-70所示，效果如图5-71所示。

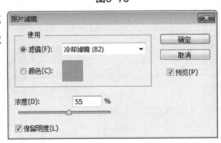

图5-70

图5-71

05 设置"滤镜"为冷却滤镜（82）、"浓度"为55%，如图5-72所示，效果如图5-73所示。

图5-72

图5-73

注意

下面详细讲解"照片滤镜"对话框参数，如图5-74所示。

滤镜：在下拉列表中可以选择一种滤镜效果，如图5-75所示。选择后会出现一个色块显示滤镜色调。

颜色：选择后，可以在拾色器中自定义需要的颜色。

浓度：确定加入色调的浓度，默认为25%。

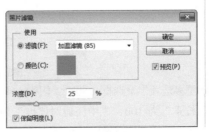

图5-74

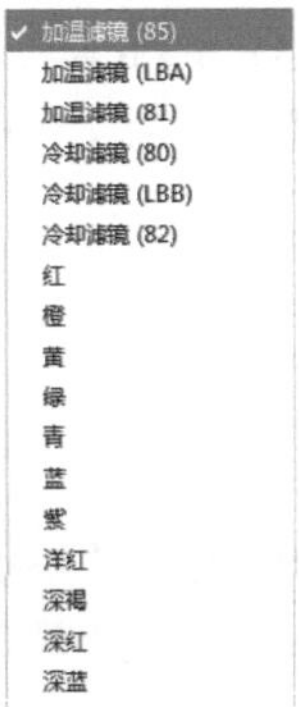

图5-75

5.2.9 阴影/高光命令

素材位置	素材文件 >CH05>11.jpg
实例位置	实例文件 >CH05> 阴影 / 高光命令 .Psd
学习目标	学习阴影 / 高光命令的使用方法

（扫码观看视频）

"阴影/高光"命令可以特别针对阴影和高光进行专门调整。

01 打开本书学习资源"素材文件>CH05>11.jpg"文件，如图5-76所示。

02 执行"图像>调整>阴影/高光"菜单命令，然后在弹出的"阴影/高光"对话框中，设置"阴影数量"为50%，如图5-77所示，效果如图5-78所示。可以观察到图中暗部变亮。

图5-76

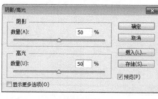

图5-77

图5-78

03 继续设置"高光数量"为50%，如图5-79所示，效果如图5-80所示。可以观察到，此时暗部变亮，亮部变暗，整体效果较为平衡。

图5-79

图5-80

04 勾选"显示更多选项"复选框，此时"阴影/高光"对话框如图5-81所示。

05 设置"颜色校正"为-100、"中间调对比度"为70，如图5-82所示，效果如图5-83所示。可以观察到此时暗部蓝色减少，画面明暗对比度增强。

图5-81　　　　　　　　　图5-82　　　　　　　　　　　图5-83

注意

下面详细讲解"阴影/高光"命令对话框。

数量：增大阴影数值，将会提高阴影部位的亮度；增大高光数值，则会降低高光部位的亮度。

显示更多选项：勾选后，将会打开更多选项。

色调宽度：控制需要调整的阴影区域和高光区域的色调范围。较小的数值，将会调整局限在阴影区域最暗的色调范围或高光区域最亮的色调范围；数值增大时，将对更多的阴影区域和高光区域进行调整。

半径：控制确定阴影区和高光区范围的边界尺寸，值越大，作用范围越大。

颜色校正：校正图像被修改过的区域，并且颜色校正的强弱取决于修改区域的数值，修改越大，作用强度越大。

中间色调对比度：调节图像中不受影响的中间色调的对比度，从而与修改后的阴影和高光更协调。

修剪黑色/修剪白色：决定阴影区域或高光区域中，多少像素被修剪为纯黑或纯白，可以加强画面对比度。

5.2.10　匹配颜色命令

"匹配颜色"命令可以将一幅图像的颜色匹配给另一幅图像。

执行"图像>调整>匹配颜色"菜单命令，可以打开"匹配颜色"对话框，如图5-84所示。

目标：显示当前工作图像的名称和当前活动图层的名称及色彩模式。

应用调整时忽略选区：当在目标图像中建立选区后，该选项会被激活，勾选后，则会忽略选区，将颜色匹配到整个图像中。

图像选项：匹配颜色后，可进一步对目标图像或图层的颜色明亮度、颜色强度和消隐进行设置。

图5-84

中和：可中和源图像和目标图像的颜色，然后将中和后的颜色应用到目标图像中。

源：下拉列表显示的是当前打开的所有文件，可以从中选择一幅图片作为源图片。

图层：下拉列表显示的是当前打开文件的所有图层，从中选择一幅图片作为源文件。

载入统计数据/存储统计数据：载入或存储需要用来匹配的源图像或图层的颜色数据。

5.2.11 变化命令

"变化"命令提供了缩略图的参考，可以较为直观地调节图像或选区的色彩和亮度，相当于使用调色板调颜料，非常直观。

执行"图像>调整>变化"菜单命令，打开"变化"对话框，如图5-85所示。

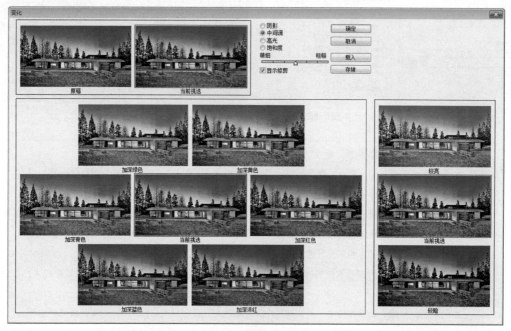

图5-85

原稿/当前挑选：显示原始图像效果和调整后的图像效果。

加深绿/黄/青/红/蓝/洋红：提供三对互补色，单击其中某个，即可为图像添加对应的色彩。如要减弱该色彩，可单击其互补色。

较亮/较暗：单击可加亮或减暗图像。

阴影/中间调/高光/饱和度：可选择要调整的色调区域，分别对应图像的暗部、灰部、亮部和纯度。

精细/粗糙：确定调整强度，越靠近精细，调整的强度越小，越靠近粗糙，强度越大。

5.2.12 黑白、去色命令

素材位置	素材文件 >CH05>12.jpg
实例位置	实例文件 >CH05> 黑白、去色命令 .Psd
学习目标	学习黑白、去色命令的使用方法

（扫码观看视频）

"黑白"命令，可以将图像中的颜色丢弃，使图像呈黑白照片或单色效果；还可以通过"黑白"命令调整图像的明暗度。

"去色"命令，可以单纯将彩色颜色信息丢弃，得到一种黑白照片的效果。

除了"黑白"和"去色"之外，还可以通过"图像"菜单中的"灰度"完成黑白照片效果。

01 打开本书学习资源"素材文件>CH05>12.jpg"文件，如图5-86所示。

02 执行"图像>调整>黑白"菜单命令，然后弹出"黑白"对话框，此时图片自动变为黑白效果，如图5-87所示。

图5-86 图5-87

03 设置"蓝色"为125，此时蓝色天空变亮，如图5-88所示。

04 勾选"色调"选项，设置"色相"为220、"饱和度"为25%，如图5-89所示。此步骤相当于"色相/饱和度"命令中的"着色"选项。

图5-88 图5-89

05 重新打开该文件，然后分别选择"黑白""去色"和"灰度"模式，得出黑白效果，如图5-90所示。可以观察到，"灰度"模式得出的效果，黑白层次保留的最好，其次是"黑白"得出的效果，"去色"使黑白层次丢失的最严重。

图5-90

5.2.13 曝光度命令

素材位置	素材文件 >CH05>13.jpg
实例位置	实例文件 >CH05> 曝光度命令 .Psd
学习目标	学习曝光度命令的使用方法

（扫码观看视频）

新手在调整亮度时，往往会出现曝光现象。但曝光也不是绝对无用的，只要曝光出现在合理的位置，反而会形成一个强烈的对比效果，适度的曝光也符合真实的效果。

01 打开本书学习资源"素材文件>CH05>13.jpg"文件，如图5-91所示。

02 执行"图像>调整>曝光度"菜单命令，然后在弹出的"曝光度"对话框中，设置"曝光度"为0.8、"位移"为-0.05，如图5-92所示，效果如图5-93所示。

图5-91　　　　　　　　　图5-92　　　　　　　　　图5-93

注意

"曝光度"命令对话框的参数介绍如下。

曝光度：控制曝光程度的大小。

位移：使阴影和中间调变暗，对高光的影响很轻微。

灰度系数校正：可更改高亮区域的图像颜色。

5.2.14 自然饱和度命令

"自然饱和度"命令，在作用上和"色相/饱和度"命令类似，但是"自然饱和度"命令在效果上更为细腻，且会智能地处理图像中不饱和的部分，忽略足够饱和的颜色，非常适合初学者使用。

执行"图像>调整>自然饱和度"菜单命令，可以打开"自然饱和度"对话框，如图5-94所示。

图5-94

5.2.15 通道混合器命令

"通道混合器"命令，可以通过控制单签颜色通道的成分，来改变某一颜色通道的输出颜色。该命令不但可以创建高品质的单色调图像，还可以创建一般方法不容易实现的特殊黑白效果。

执行"图像>调整>通道混合器"菜单命令，可以打开"通道混合器"对话框，如图5-95所示。

输出通道：选择需要调整何种单独通道的颜色。

源通道：调节各单色通道的颜色。

常数：调节输出通道颜色的不透明度。

单色：保留某个通道的亮度信息，将相同的设置应用于输出通道，创建特殊的黑白效果。

图5-95

5.2.16　其他调整命令

除了上述15个常用的调整命令外，还有5个不常用的调整命令，分别是"反相""色调分离""阈值""渐变映射"和"色调均化"命令。

1.反相

"反相"命令可以得到一种原始照片的负片效果，如果是黑白图片，反相会将黑白颠倒。原图与反相效果如图5-96所示。

图5-96

2.色调分离

"色调分离"命令可以指定图像中每一个颜色通道的色调级数目，然后将像素映射为与之最接近的一种色调。在RGB颜色图像中指定两种色调级，就能得到6种颜色，即两种亮度的红、两种亮度的绿和两种亮度的蓝，如图5-97所示。

3.阈值

"阈值"命令可以将图像中亮度超过阈值的的像素转换为白色，将亮度低于阈值的像素转换为黑色，不同于黑白图片，阈值效果没有灰色，只有纯黑白效果，如图5-98所示。

图5-97

图5-98

4.渐变映射

"渐变映射"命令可以把一组渐变色的色阶映射到图像上，改变图像的颜色，效果如图5-99所示。

5.色调均化

"色调均化"命令可以将图像的最暗像素和最亮像素分别映射为黑色和白色，然后将各个亮度级别均匀分配给其他各像素，从而得到图像色调平均化效果，如图5-100所示。

图5-99

图5-100

课后练习——休闲室色彩调整

素材位置	素材文件 >CH05>14.jpg
实例位置	实例文件 >CH05> 休闲室色彩调整 .Psd
学习目标	练习各种色彩调整工具修改图片

（扫码观看视频）

课后练习——卧室夜晚色彩调整

素材位置	素材文件 >CH05>15.jpg
实例位置	实例文件 >CH05> 卧室夜晚色彩调整 .Psd
学习目标	练习各种色彩调整工具修改图片

（扫码观看视频）

06

图层应用

本章主要讲解Photoshop图层的应用方法。通过学习本章，读者可以掌握图层的基本概念、应用方法、图层样式的应用及图层混合模式的应用。

本章学习要点：

- 掌握图层的应用
- 掌握图层样式的应用
- 掌握图层混合模式的应用

6.1 图层基本概念

图层可以理解为一张完全透明的纸，将这些图层叠加在一起，即可得到需要的图像。在效果图后期修改中，使用3ds Max建立基本模型，然后将路面、树、家具等图片拖入原图中就会形成一个个图层，这些图层完全叠加在一起，就完成一个效果图组合。

Photoshop中有4种图层类型，分别是普通图层、文本图层、调节图层和背景图层，如图6-1所示。

图6-1

在图6-1中，从上到下，依次为调整图层、普通图层、文本图层和背景图层。

调整图层：单击"图层"面板下的 ◎. 和 fx. 按钮，可以建立调整图层和样式图层。调整图层不是一个存放图像的图层，它主要用来控制图像的调整、图层样式参数信息。图像调整的各个命令均只能对当前图层起作用，但是通过 ◎. 建立的调整图层则可以对该图层以下所有图层起作用。

普通图层：单击"新建图层"按钮 █ ，这时新建的图层即为普通图层，也是最常用的图层。新建的普通图层是透明的，可以在上面添加图像、编辑图像，并可以将图像随意移动到任意位置上。

文本图层：当使用工具箱中的文本工具进行打字操作时，系统会自动新建一个图层，这个图层就是文本图层。

背景图层：背景图层是一种不透明图层。新建文件时，会以背景色将显示的图层定义为背景图层。当打开图片时，系统就会自动将该图像定义为背景图层。

6.2 图层的基本操作

图层的基本操作是学习Photoshop的基础，除了在"图层"菜单下可以找到相应的图层操作命令，在"图层"面板上几乎也可以找到这些命令。

6.2.1 图层面板

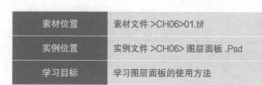

素材位置	素材文件 >CH06>01.tif
实例位置	实例文件 >CH06> 图层面板 .Psd
学习目标	学习图层面板的使用方法

（扫码观看视频）

在"图层"面板中，可以完成新建图层、删除图层、设置图层属性、添加图层样式、调整编辑图层等操作。

01 打开本书学习资源"素材文件>CH06>01.tif"文件，如图6-2所示。

02 执行"窗口>图层"菜单命令，即可打开"图层"面板，如图6-3所示。

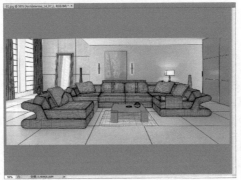

图6-2   图6-3

 TIPS　　默认情况下，"图层"面板会出现在操作界面的右下方，如果不小心关闭的"图层"面板，可按照上一步的操作打开。

03 单击"图层"面板右侧的 按钮，然后在弹出的菜单中选择"面板选项"命令，接着打开"图层面板选项"对话框，设置如图6-4所示，调整后的"图层"面板效果如图6-5所示。

图6-4   图6-5

04 每个图层都可以在视图中隐藏或显示。在"图层"面板左侧，可以看到每个图层都有一个"眼睛"图标。单击"图层01"左侧的"眼睛"图标，此时线框图就消失了，出现背景图层的效果图，如图6-6所示。

05 按住Alt键单击"图层01"左侧的"眼睛"图标，则只会显示这个图层，其他图层眼睛便会消失，如图6-7所示。

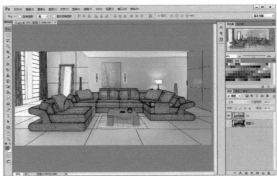

图6-6   图6-7

06 对图像进行编辑时，必须先选中图层。如选中"图层01"，此时"图层01"呈蓝色显示，如图6-8所示。

07 使用"移动"工具 ⊕，即可拖动线框图层，如图6-9所示。

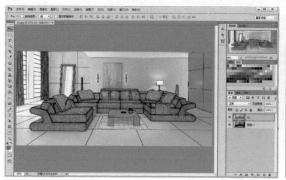

图6-8

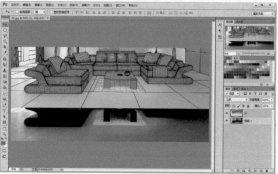

图6-9

08 按住Ctrl键单击两个图层，就可以同时选中这两个图层，如图6-10所示。

09 如果图层特别多，可以按住Shift键，同时单击上下两个图层，这样上下两个图层之间的所有图层都会被选中，如图6-11所示。

10 如果需要给图层命名，只需要在图层名称上双击，即可给图层重命名，如图6-12所示。

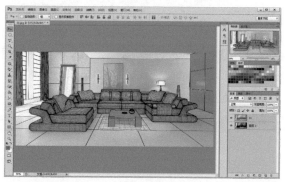

图6-10

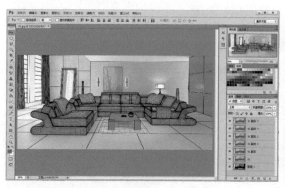

图6-11

图6-12

6.2.2 创建、复制图层

素材位置	无
实例位置	实例文件 >CH06> 创建、复制图层 .Psd
学习目标	学习创建、复制图层的使用方法

（扫码观看视频）

01 执行"文件>新建"菜单命令，然后在打开的"新建"对话框中，设置图6-13所示的参数。

02 设置"前景色"为橙色,然后使用"多边形"工具 ◉ 绘制一个五边形,如图6-14所示,最后将其栅格化。

 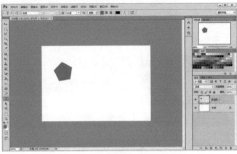

图6-13　　　　　　　　　图6-14

03 保持"多边形1"图层的选中状态,然后按组合键Ctrl+J复制一个图层,并重命名为"多边形2",如图6-15所示。

04 选中"多边形2"图层,然后使用"移动"工具 ⊹ ,将图层向右移动,效果如图6-16所示。

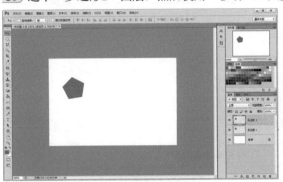 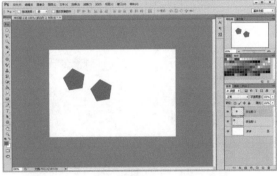

图6-15　　　　　　　　　图6-16

TIPS　　"移动"工具 ⊹ 的快捷键是V。

05 按照上一步的操作继续复制出3个多边形,效果如图6-17所示。

06 按住Shift键,全选所有多边形图层,然后移动位置,最终效果如图6-18所示。

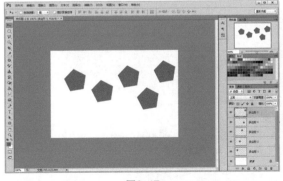 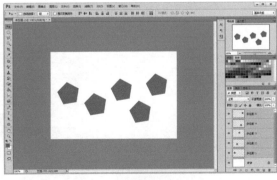

图6-17　　　　　　　　　图6-18

TIPS　　除了单击"新建图层"按钮 创建新图层以外,还可以通过"图层>新建>图层"菜单命令创建新图层,也可以通过"图层>复制图层"菜单命令复制图层。

　　在"图层"面板最底部的是新建文件时自动创建的背景图层。背景图层最右侧有个 标志,代表其被锁定。锁定的背景图层不可以被移动、调整图层顺序,也不可以被复制。双击 标志,在弹出的对话框中单击"确定"按钮,即可解锁。解锁后的背景图层即可进行各种编辑操作。

6.2.3 填充、调整图层

素材位置	素材文件 >CH06>02.jpg
实例位置	实例文件 >CH06> 填充、调整图层 .Psd
学习目标	学习填充、调整图层的使用方法

（扫码观看视频）

　　调整图层和填充图层是较为特殊的图层，在这些图层中包含一个"图像调整"命令或"图像填充"命令。使用"调整图层"和"填充图层"，可以随时对图层中包含的"调整"或"填充"命令进行重新设置，从而得到合理的效果。

01 打开本书学习资源"素材文件>CH06>02.jpg"文件，如图6-19所示。

02 执行"图层>新建填充图层>图案"菜单命令，然后在弹出的"新建图层"对话框中设置图6-20所示的参数。

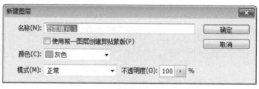

图6-19　　　　　　　　　　　　　　　　　图6-20

03 单击"确定"按钮后，在"拾色器"对话框中选择"黄灰色"，将在"图层"面板中出现一个新的填充图层，如图6-21所示。

04 选择新创建的填充图层，然后设置"混合模式"为颜色，如图6-22所示。可以观察到，图片出现一种发黄旧照片的效果。

图6-21　　　　　　　　　　　　　图6-22

> **TIPS**
>
> 　　填充图层可用纯色、渐变或图案填充图层，填充内容值出现在该图层，对其他图层不会产生影响，且方便随时修改。单击"填充图层"前的小色块，然后在弹出的"拾色器"对话框中重新选择一种颜色，单击"确定"按钮后效果会再次发生改变。

05 单击 按钮，然后在弹出的菜单中选择"色相/饱和度"选项，此时会自动弹出"调整"面板，"调整"面板上的参数与"图像"菜单中的"色相/饱和度"命令用法和作用相同，如图6-23所示。最终效果如图6-24所示。

图6-23

图6-24

TIPS 为了便于管理图层，可以将同一类型的图层归入一个图层组，新建图层组的组合键为Ctrl + G。图层组与图层的操作方法基本一样，可以执行查看、选择、复制、移动等命令。

6.2.4 图层的对齐与分布

素材位置	素材文件 >CH06>03.tif
实例位置	实例文件 >CH06> 图层的对齐与分布 .Psd
学习目标	学习图层的对齐与分布的使用方法

（扫码观看视频）

在绘制图像时，有时需要将各图层进行排列，Photoshop可以通过图层的对齐与分布准确的排列图像。

Photoshop中有6种对齐和分布的方式，都分布在"图层>对齐/分布"菜单中，如图6-25所示。只有图像具有多个图层，且有2个及以上图层被同时选中的情况下，对齐才会激活；3个以上的图层被同时选中时，分布才会被激活。

图6-25

01 打开本书学习资源"素材文件>CH06>03.tif"文件，如图6-26所示。

02 按Ctrl键，同时选中"图层2"和"图层3"的两个方形，然后分别单击移动选项栏中的按钮 ，效果如图6-27所示。可以观察到，2个方形从左至右也分别以顶边、垂直居中、底边、左边、水平居中和右边的方式对齐。

图6-26

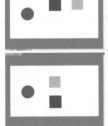

图6-27

TIPS 每次对齐操作完成后，都要退回到初始状态，再进行另一种对齐方式。

03 按Ctrl键，同时选中"图层1"的圆形、"图层2"的方形和"图层3"的方形，然后分别单击移动选项栏中的按钮，效果如图6-28所示。可以观察到，当选择3个物体时，3个物体分别以顶边、垂直居中、底边、左边、水平居中、右边方式对齐。

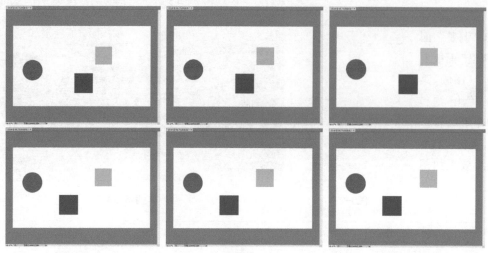

图6-28

注意

下面将逐一讲解对齐和分布方式。

（1）对齐方式

　　顶边：可将选择图层的顶层像素与当前图层的顶层像素对齐，或与选区边框的顶边对齐。

　　垂直居中：可将选择图层的垂直方向的中心像素与当前图层的垂直方向的中心像素对齐，或与选区边框的垂直中心对齐。

　　底边：可将选择图层的底端像素与当前图层的底端像素对齐，或与选区边框的底边对齐。

　　左边：可将选择图层的左端像素与当前图层的左端像素对齐，或与选区边框的左边对齐。

　　水平居中：可将选择图层上水平方向的中心像素与当前图层上水平方向的中心像素对齐，或与选区边框的水平中心对齐。

　　右边：可将选择图层的右端像素与当前图层的右端像素对齐，或与选区边框的右边对齐。

（2）分布方式

　　顶边：从每个图层的顶端像素开始，间隔均匀地分布选择的图层。

　　垂直居中：从每个图层的垂直居中像素开始，间隔均匀地分布选择的图层。

　　底边：从每个图层底部像素开始，间隔均匀地分布选择的图层。

　　左边：从每个图层左边像素开始，间隔均匀地分布选择的图层。

　　水平居中：从每个图层水平中心像素开始，间隔均匀地分布选择的图层。

　　右边：从每个图层右边像素开始，间隔均匀地分布选择的图层。

6.2.5 合并、删除图层

素材位置	素材文件 >CH06>04.tif
实例位置	实例文件 >CH06> 合并、删除图层 .Psd
学习目标	学习合并、删除图层的使用方法

（扫码观看视频）

图像编辑完成后可以将图层合并，在效果图修改中往往也会在最后将所有图层合并，再进行最后的色调调整。在"图层"菜单下可以找到3个合并图层的命令，分别是"合并图层""合并可见图层"和"拼合图像"。

01 打开本书学习资源"素材文件>CH06>04.tif"文件，如图6-29所示。

02 选择"图层13"，执行"图层>合并图层"菜单命令，即可将"图层13"和"图层12"合并，并以"图层13"命名合并后的图层，如图6-30所示。可以观察到，车灯和地上的反射光斑合并在一起。

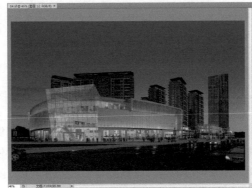

图6-29　　　　　　　　　　　　　　　　　　　图6-30

03 关闭"图层10""图层13"和"图层14"前的"眼睛"图标，然后执行"图层>合并可见图层"菜单命令，此时所有打开"眼睛"的图层均自动合并，如图6-31所示。可以观察到，除了关闭"眼睛"的3个图层，其余图层也自动合并为一个。

04 选择"图层10"，然后单击"图层"面板下方的删除按钮，删除"图层10"，效果如图6-32所示。此外选中图层后，执行"图层>删除>图层"菜单命令，也可以删除选中图层。

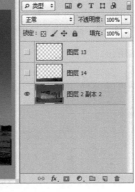

图6-31　　　　　　　　　　　　　　　图6-32

> **注意**
>
> 合并图像：将选择图层与下一层图层进行合并，并以选择图层的名称命名，组合键为Ctrl＋E。
>
> 合并可见图层：可将图像中所有可见图层（即打开"眼睛"的图层）合并为一个图层，不可见的则不会合并。图层命名以当前图层命名。组合键为Ctrl＋Shift＋E。
>
> 拼合图像：可将所有图像中的图层合并。

6.3 图层的混合模式

图层的混合模式，主要用于制作两个或两个以上图层的混合效果。不同的图层混合模式，决定当前图像的像素如何与下层像素进行混合。灵活运用各种图层混合模式可以获得非常出色的效果。在效果图修改中，采用混合模式能够起到极大的作用，尤其在光影、颜色的调整和材质的调节上作用尤其明显。

系统默认混合模式为"正常"模式，也就是图像的原始状态。单击"图层"面板中的图层混合模式下拉菜单，可以从中选区不同的混合模式，如图6-33所示。

6.3.1 溶解模式

素材位置	素材文件 >CH06>05.tif
实例位置	实例文件 >CH06> 溶解模式 .Psd
学习目标	学习溶解模式的使用方法

（扫码观看视频）

溶解模式的作用是，随机消失部分图像的像素，消失的部分图像可以显示背景内容，从而形成2个图层交融的效果。当图层的图像出现透明像素时，将会依据图像中透明像素的数量显示出颗粒化效果。上下图层的混合与叠加关系，会根据上方图层的"不透明度"而定。如果上方图层"不透明度"是100%，则完全覆盖下方图层；如果"不透明度"降低，下方图层显示越清晰。

01 打开本书学习资源"素材文件>CH06>05.tif"文件，如图6-34所示。从右侧"图层"面板，可以观察到有两个图层。

02 选择"图层1"，然后将混合模式设置为"溶解"，接着设置"不透明度"为50%，如图6-35所示，效果如图6-36所示。

03 设置"不透明度"为20%，如图6-37所示，效果如图6-38所示。

图6-33

图6-34

图6-35

图6-36

图6-37

图6-38

6.3.2 变暗模式

素材位置	素材文件 >CH06>05.tif
实例位置	实例文件 >CH06> 变暗模式 .Psd
学习目标	学习变暗模式的使用方法

（扫码观看视频）

"变暗"模式，将上下两个图层的像素进行比较，以上方图层中较暗的像素代替下方图层中与之相对应较亮的像素，从而实现整个图像变暗的效果。

01 打开本书学习资源"素材文件>CH06>05.tif"文件，如图6-39所示。

02 选择"图层1"，然后设置混合模式为"变暗"，接着设置"不透明度"为100％，如图6-40所示，效果如图6-41所示。

03 设置"不透明度"为50％，如图6-42所示，效果如图6-43所示。

图6-39

图6-40

图6-41

图6-42

图6-43

6.3.3 正片叠底模式

素材位置	素材文件 >CH06>05.tif
实例位置	实例文件 >CH05> 正片叠底模式 .Psd
学习目标	学习正片叠底模式的使用方法

（扫码观看视频）

"正片叠底"模式，最终得到比上下两个图层的颜色都要暗一点的颜色，在这个模式中，黑色和任何颜色混合之后还是黑色。而任何颜色与白色混合之后，颜色都不会改变。"正片叠底"模式可以很好地纠正图片的曝光效果。

01 打开本书学习资源"素材文件>CH06>05.tif"文件，如图6-44所示。

02 选择"图层1"，然后设置混合模式为"正片叠底"，接着设置"不透明度"为100％，如图6-45所示，效果如图6-46所示。

03 设置"不透明度"为50％，如图6-47所示，效果如图6-48所示。

图6-44

图6-45

图6-46

图6-47

图6-48

6.3.4 颜色加深模式

"颜色加深"模式与"正片叠底"模式的效果类似，可以使图层的亮度降低、色彩加深，将底层的颜色变暗反映当前图层的颜色，与白色混合后不产生变化。

图6-49和图6-50所示为"颜色加深"模式下，"不透明度"分别为100％和50％时的效果。

图6-49 图6-50

6.3.5 线性加深模式

"线性加深"模式，可以减小底层的颜色亮度，从而反映当前图层的颜色，与白色混合后不产生变化，其作用与"颜色加深"模式类似。

图6-51和图6-52所示为"线性加深"模式下，"不透明度"分别为100％和50％时的效果。

图6-51 图6-52

6.3.6 深色模式

"深色"模式，可以对当前图层与底层颜色进行比较，将两个图层中相对较暗的像素创建为结果色。

图6-53和图6-54所示为"线性加深"模式下，"不透明度"分别为100％和50％时的效果。

图6-53　　　　　　　　　　　　　　图6-54

6.3.7 变亮模式

素材位置	素材文件 >CH06>05.tif
实例位置	实例文件 >CH06> 变亮模式 .Psd
学习目标	学习变亮模式的使用方法

（扫码观看视频）

"变亮"模式作用与"变暗"模式相反，以上方图层较亮的像素替代下方图层中与之相对应较暗的像素，且用下方图层中较亮区域替代上方图层中较暗的区域，从而使整个图像变亮。

01 打开本书学习资源"素材文件>CH06>05.tif"文件，如图6-55所示。

02 选择"图层1"，然后设置混合模式为"变亮"模式，接着设置"不透明度"为100%，如图6-56所示，效果如图6-57所示。

03 设置"不透明度"为50%，如图6-58所示，效果如图6-59所示。

图6-55

图6-56　　　　　图6-57　　　　　图6-58　　　　　图6-59

6.3.8 滤色模式

素材位置	素材文件 >CH06>06.jpg
实例位置	实例文件 >CH06> 滤色模式 .Psd
学习目标	学习滤色模式的使用方法

（扫码观看视频）

　　"滤色"模式，是"正片叠底"模式的逆运算，将两种模式混合后可以得到较亮的颜色。如果复制同一图层，并对处于上方的图层使用"滤色"模式，可以加亮图像。在增量图像的同时，使图像具有梦幻般的效果。

01 打开本书学习资源"素材文件>CH06>06.jpg"文件，如图6-60所示。

02 按组合键Ctrl+J，复制背景图层"图层1"，如图6-61所示。

03 选中"图层1"，然后执行"滤镜>模糊>高斯模糊"菜单命令，接着在弹出的"高斯模糊"对话框中，设置"半径"为20，如图6-62所示。

04 选中"图层1"，然后设置图层模式为"滤色"，效果如图6-63所示。可以观察到，不仅图像变亮了，而且有一种梦幻效果。

  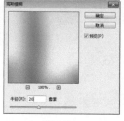 

| 图6-60 | 图6-61 | 图6-62 | 图6-63 |

6.3.9 颜色减淡模式

　　"颜色减淡"模式，可以将上方图层的像素值与下方图层的像素值采取一定算法相加，"颜色减淡"模式的效果比"滤色"模式的效果更加明显

　　图6-64和图6-65所示为"颜色减淡"模式下，"不透明度"分别为100%和50%时的效果。

| 图6-64 | 图6-65 |

6.3.10 线性减淡模式

素材位置	素材文件 >CH06>07.jpg
实例位置	实例文件 >CH06> 线性减淡模式 .Psd
学习目标	学习线性减淡模式的使用方法

（扫码观看视频）

　　"线性减淡"模式，可以加亮所有通道的基色，并通过降低其他颜色的亮度来反映混合颜色，此模式对于黑色无效。

01 打开本书学习资源"素材文件>CH06>07.jpg"文件,如图6-66所示。

02 按组合键Ctrl+J,复制背景图层"图层1",如图6-67所示。

03 选中"图层1",然后设置图层模式为"线性减淡",效果如图6-68所示。

04 设置"不透明度"为50%,如图6-69所示,最终效果如图6-70所示。

图6-66

图6-67

图6-68

图6-69

图6-70

6.3.11 浅色模式

"浅色"模式和"深色"模式效果相反。使用该模式时,是将当前图层与底层颜色相比较,将两个图层中相对较亮的像素创建为结果色。

图6-71和图6-72所示为"浅色"模式下,"不透明度"分别为100%和50%时的效果。

图6-71

图6-72

6.3.12 叠加模式

素材位置	素材文件>CH06>08.jpg
实例位置	实例文件>CH06>叠加模式.Psd
学习目标	学习叠加模式的使用方法

(扫码观看视频)

　　"叠加"模式最终效果取决于下方图层，但上方图层的明暗对比效果也会影响整体效果，叠加后下方图层的亮度区域与阴影区域都将被保留。使用该模式，相当于同时使用"正片叠底"和"滤色"两种模式。在"叠加"模式下，底层颜色的深度将被加深，并且会覆盖掉背景图层上浅色部分。

01 打开本书学习资源"素材文件>CH06>08.jpg"文件，如图6-73所示。

02 按组合键Ctrl+J，将背景图层复制两份，分别为"图层1"和"图层1副本"，如图6-74所示。

03 选中"图层1副本"，然后执行"滤镜>模糊>高斯模糊"菜单命令，接着在弹出的"高斯模糊"对话框中，设置"半径"为12，如图6-75所示。

图6-73　　　　　　　　图6-74　　　　　　　　图6-75

04 继续选中"图层1副本"，然后执行"滤镜>艺术效果>水彩"菜单命令，然后在弹出的"水彩"对话框中，设置"画笔细节"为5，"纹理"为2，如图6-76所示。

05 选中"图层1"，然后执行"滤镜>模糊>高斯模糊"菜单命令，接着在弹出的"高斯模糊"对话框中，设置"半径"为3，如图6-77所示。

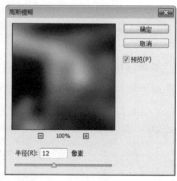

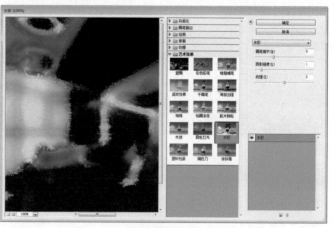

图6-76

06 选中"图层1副本"图层，然后设置混合模式为"叠加"，效果如图6-78所示。

图6-77　　　　　　　　　　　　　　图6-78

07 新建"图层2"，然后将前景色设置为白色，并填充到"图层2"中，接着执行"滤镜>纹理>纹理化"菜单命令，在弹出的"纹理化"对话框中，设置"类型"为画布、"缩放"为100％、"凸现"为4，如图6-79所示。

08 将"图层2"混合模式设置为"叠加"，最终效果如图6-80所示，画面效果如同一幅油画。

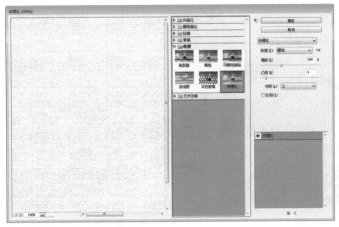

图6-79　　　　　　　　　　　　　　图6-80

6.3.13 柔光模式

素材位置	素材文件 >CH06>09.jpg
实例位置	实例文件 >CH06> 柔光模式 .Psd
学习目标	学习柔光模式的使用方法

"柔光"模式，可以根据上下图层的图像，使图像的颜色变亮或变暗。变化的程度取决于像素的明暗程度，如果上方图层的像素比50％灰色亮，则图像变亮，反之变暗。

01 打开本书学习资源"素材文件>CH06>09.jpg"文件，如图6-81所示。

02 按组合键Ctrl＋J，将背景图层复制一份，如图6-82所示。

03 选中"图层1"，然后设置混合模式为"柔光"，如图6-83所示，效果如图6-84所示。可以观察到，图像亮的部分更亮，暗的部分更暗，对比度加强。

图6-81　　　　　　　　　图6-82　　　　　　　　　图6-83　　　　　　　　　图6-84

6.3.14　强光模式

"强光"模式产生的效果与聚光灯在图像上的效果类似，是根据当前图层的颜色，使底层颜色更为浓重或更为浅淡，更浓或更淡取决于当前图层的颜色亮度。

叠加"强光"模式，前后的对比效果如图6-85和图6-86所示。可以观察到，图片的饱和度与对比度都有所加强。

图6-85　　　　　　　　　　　　　　　　　图6-86

6.3.15　亮光模式

"亮光"模式，可以通过增加或减小底层的对比度来加深或减淡颜色。如果当前图层的颜色比50％灰色亮，则通过减小对比度使图像发亮，反之，则通过增加对比度使图像变暗。

叠加了"亮光"模式，前后的对比效果如图6-87和图6-88所示。可以观察到，图片的亮度和对比度都有所加强。

图6-87　　　　　　　　　　　　　　　　　图6-88

6.3.16 线性光模式

"线性光"模式，是通过增加或减少底层的亮度，来加深或减淡颜色的。加深或减淡具体取决于当前图层的颜色，如果当前图层的颜色比50％灰色亮，则通过增加亮度使图像变亮，反之，则通过减少亮度使图像变暗。

叠加了"亮光"模式，前后的对比效果如图6-89和图6-90所示。可以观察到，图片的整体亮度有所加强。

图6-89　　　　　　　　　　　　　图6-90

6.3.17 点光模式

素材位置	素材文件 >CH06>10.jpg
实例位置	实例文件 >CH06> 点光模式 .Psd
学习目标	学习点光模式的使用方法

（扫码观看视频）

"点光"模式，是通过置换颜色像素来混合图像的。如果混合色比50％灰度亮，则源图像的暗部像素将被置换，亮部像素无变化，反之则替换亮部像素，暗部像素无变化。

01 打开本书学习资源"素材文件>CH06>10.jpg"文件，如图6-91所示。

02 新建"图层1"，然后放置于底层，接着设置"前景色"为褐色（R:182，G:172，B:154），并填充"图层1"，如图6-92所示。

03 选择"图层0"，然后将其混合模式设置为"点光"模式，效果如图6-93所示。

图6-91　　　　　　　　　图6-92　　　　　　　　　图6-93

04 选择"图层0"，然后按组合键Ctrl＋M，打开"曲线"对话框，设置如图6-94所示，最终效果如图6-95所示。

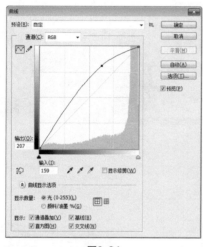

图6-94　　　　　　　　　　　　　　　图6-95

6.3.18 色相混合模式

素材位置	素材文件 >CH06>11.jpg
实例位置	实例文件 >CH06> 色相混合模式 .Psd
学习目标	学习色相混合模式的使用方法

（扫码观看视频）

　　"色相混合"模式，可以将下方图层的"亮度""饱和度"与上方图层的"色相"构成最终图像，但是对于黑白灰不起作用。

01 打开本书学习资源"素材文件>CH06>11.jpg"文件，如图6-96所示。

02 新建"图层1"，然后将"前景色"设置为蓝色，接着填充"图层1"，如图6-97所示。

图6-96　　　　　　　　　图6-97

03 将"图层1"的混合模式设置为"色相",效果如图6-98所示。可以观察到,画面的亮度和饱和度不变,只是图像整体变成蓝色。

04 将"前景色"设置为绿色,再次填充"图层1",效果如图6-99所示。

图6-98 　　　　　　　　　　　　　　　　　　　　图6-99

6.3.19 饱和度混合模式

"饱和度混合"模式,可以将下方图层的"亮度""色相"与上方图层的"饱和度"构成最终图像。"饱和度"对于图像的影响与色彩本身没有关系,但是对图像的饱和度有关系。

当前景色为纯度很高的蓝色,用"饱和度混合"模式与原图混合,对比效果如图6-100和图6-101所示。

图6-100 　　　　　　　　　　　　　　图6-101

当前景色为比较灰的蓝色,用"饱和度混合"模式与原图混合,效果如图6-102所示。

当前景色改为纯度很高的绿色,再次填充,效果如图6-103所示。可以观察到,"饱和度"模式对于饱和度影响很大,与色相本身的色彩没有任何关系。

图6-102 　　　　　　　　　　　　　　　　　　图6-103

6.3.20 颜色混合模式

素材位置	素材文件 >CH06>12.jpg
实例位置	实例文件 >CH06> 颜色混合模式 .Psd
学习目标	学习颜色混合模式的使用方法

（扫码观看视频）

"颜色混合"模式，是用底层颜色的亮度与上层图层的色相和饱和度创建的结果，这样可以保留图像中的灰阶。使用该模式给单色图像上色、给彩色图像着色都非常有用。

01 打开本书学习资源"素材文件>CH06>12.jpg"文件，如图6-104所示。

02 按组合键Ctrl＋J复制一个"背景副本"图层，然后按组合键Ctrl＋Shift＋U去色，如图6-105所示。

03 新建"图层1"，然后设置"前景色"为黄色，并填充"图层1"，最后将混合模式设置为"颜色"，效果如图6-106所示。

图6-104   图6-105   图6-106

04 使用"矩形选区"工具 ，然后设置"羽化值"为80，最后框选"图层1"，如图6-107所示。

05 按组合键Ctrl＋Shift＋I反选，然后设置"前景色"为黑色，接着新建一个"图层2"，并将黑色填入"图层2"中，如图6-108所示。

06 按组合键Ctrl＋D取消选区，然后按组合键Ctrl＋J将"图层2"复制一层，可以观察到黑色边框部分加强，如图6-109所示。

图6-107   图6-108   图6-109

07 单击"图层"面板上的"调整图层"按钮 ○，然后选择"色相/饱和度"命令，设置图6-110所示的参数，最终效果如图6-111所示。

图6-110   图6-111

6.3.21 其他混合模式

除了上述模式外，还有"色相混合""差值""排除"和"明度"4种混合模式。这4种模式在实际操作中用到的较少，这里进行简单讲解。

1.色相混合

"色相混合"模式取消了中间色的效果，混合的结果由红、绿、蓝、青、品红、黄、黑和白8种颜色组成。混合颜色由底层颜色和当前图层亮度决定，如图6-112所示。

图6-112

2.差值

"差值"模式将底层的颜色，和当前图层的颜色相互抵消，以产生一种新的颜色效果。该模式与白色混合将反转背景颜色，与黑色混合不产生变化，如图6-113所示。

图6-113

3.排除

"排除"模式可以产生一种与"差值"模式相似，但对比度较低的效果。与白色混合会使颜色产生相反的效果，与黑色混合无变化，如图6-114所示。

图6-114

4.明度

"明度"模式用背景色的色相及饱和度，与当前图层的的亮度创建结果色，如图6-115所示。

图6-115

TIPS　在应用混合模式时，如果不确定用何种混合模式，可以任意选择一种，然后按键盘上的上下方向键，不断变换混合类型，通过观察图像选择自己需要的效果。

6.4 图层样式

利用图层样式，可以对图层应用各种效果，如投影、内发光、斜面和浮雕等，利用这些图层样式，可以完成各种图像效果。当应用图层样式时，"图层"面板右侧会出现"图层样式"图标。

选择需要添加图层样式的图层，然后执行"图层>图层样式"菜单命令，即可打开"图层样式"对话框，从中可以选择需要的样式命令。也可以在图层空白处双击鼠标，打开"图层样式"对话框，此外，单击"图层"面板下的"添加图层样式"按钮 _fx._，同样可以为图层添加样式效果。

6.4.1 混合选项：自定

素材位置	素材文件 >CH06>13.jpg
实例位置	实例文件 >CH06> 混合选项：自定 .Psd
学习目标	学习"混合选项：自定"图层样式的使用方法

在"图层样式"对话框左侧的图层样式中选择"混合选项：自定"选项，可以打开图6-116所示的对话框。

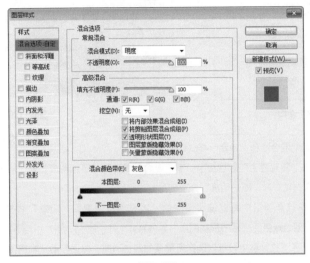

图6-116

01 打开本书学习资源"素材文件>CH06>13.jpg"文件，如图6-117所示。

02 双击"背景"图层的🔒，对"背景"图层解锁，在弹出的对话框中单击"确定"按钮，此时，"背景"图层自动命名为"图层0"，如图6-118所示。

图6-117

图6-118

03 双击"图层0"的空白处，然后在弹出的"图层样式"对话框中，设置"混合颜色带"为"蓝"，在"本图层"中向左拖动滑块至210，如图6-119所示；可以观察到，与天空蓝色一致的部分都被删除了，如图6-120所示。

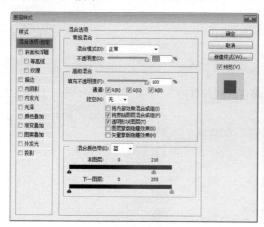

图6-119

图6-120

注意

下面详细讲解"混合选项：自定"样式详细参数。

常规混合：在"常规混合"选项组下，有"混合模式"和"不透明度"两个混合选项。这两个选项与"图层"面板中"混合选项"和"不透明度"选项使用方法相同。

高级混合：在该选项组中可以设置图层的"填充不透明度""通道""挖空""将内部效果混合成组""将剪切图层混合成组""透明形状图层"等内容。

混合颜色带：在下拉菜单中，可以选择所需要的颜色通道，然后移动"本图层"或"下一图层"，来调整最终图像中将显示当前图层的哪些像素及其下面可视图层中的哪些像素。

6.4.2 投影

素材位置	素材文件 >CH06>14.jpg
实例位置	实例文件 >CH06> 投影 .Psd
学习目标	学习"投影"图层样式的使用方法

（扫码观看视频）

"投影"可以给图层、文字、按钮、边框等生成一个阴影，从而产生投影的效果，使画面产生立体感。投影是图层样式中使用最多的一种样式，对话框如图6-121所示。

01 打开本书学习资源"素材文件>CH06>14.jpg"文件，如图6-122所示。

02 使用"魔棒"工具 ，然后选择图片中的花朵和蝴蝶，接着按组合键Ctrl＋J复制，得到图6-123所示的"图层1"。

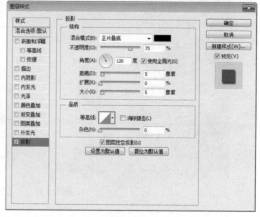

图6-121

03 双击"图层1"空白处，然后在弹出的"图层样式"对话框中，选择"投影"选项卡，设置图6-124所示的参数，效果如图6-125所示。

图6-122

图6-123

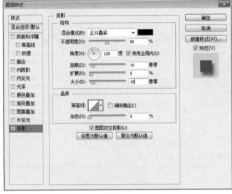

图6-124

图6-125

04 在"品质"选项组中的设置如图6-126所示，最终效果如图6-127所示。

图6-126

图6-127

> **注意**
>
> "投影"选项卡主要包含"结构"和"品质"两个选项组，下面详细讲解。
>
> （1）结构选项组
>
> 　　混合模式：下拉菜单中，可以选择投影的不同混合模式，从而得到不同的投影效果。
>
> 　　不透明度：通过设置一个数值来定义投影的不透明度。
>
> 　　角度：移动角度轮盘上的指针或输入数值，可以定义投影的方向。
>
> 　　距离：输入数值，可以定义投影的投射距离。
>
> 　　扩展：输入数值，可以定义投影的强度。
>
> 　　大小：控制投影的柔化程度。
>
> （2）品质选项组
>
> 　　等高线：使用等高线可以定义图层样式的外观效果。
>
> 　　消除锯齿：勾选后，可以使等高线的投影更加细腻。
>
> 　　杂色：输入数值或移动滑块，可以设置投影的杂色。

6.4.3 内阴影

"内阴影"样式用于制作图像的内投影，作用与"投影"相反，它在图层边缘以内产生图像阴影。内阴影的参数和作用于"投影"相同，这里不重复讲解，内阴影效果如图6-128所示。

图6-128

6.4.4 外发光

素材位置	素材文件 >CH06>15.tif
实例位置	实例文件 >CH06> 外发光 .Psd
学习目标	学习"外发光"图层样式的使用方法

（扫码观看视频）

"外发光"样式是在图像的边缘添加一个发光效果，对话框如图6-129所示。

01 打开本书学习资源"素材文件>CH06>15.tif"文件，如图6-130所示。

02 双击"图层1"右侧的空白处，然后在弹出的"图层样式"对话框中，选择"外发光"选项卡，设置图6-131所示的参数，效果如图6-132所示。

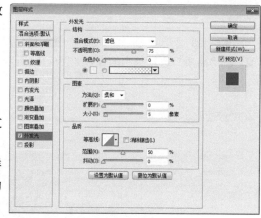

图6-129

图6-130

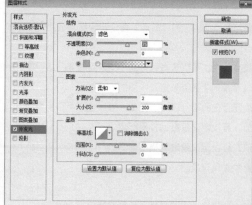

图6-131

图6-132

<table>
<tr><td rowspan="5">注意</td><td>"外发光"样式包括"结构""图素"和"品质"3个选项组,其中很多和"投影"样式参数相同,这里介绍不同的参数。</td></tr>
</table>

　　发光方式:可选择两种不同的发光方式,一种为纯色,另一种为渐变。

　　方法:可通过下拉菜单选择发光方法,如图6-133所示。

　　　　柔和:发出的光线边缘会产生柔和效果。

　　　　精确:光线会按实际大小及扩展度显示。

　　范围:控制在发光中作为等高线目标的部分或范围。

图6-133

6.4.5　内发光

素材位置	素材文件 >CH06>15.tif
实例位置	实例文件 >CH06> 内发光 .Psd
学习目标	学习"内发光"图层样式的使用方法

（扫码观看视频）

　　"内发光"样式可以在图像边缘以内添加一个发光效果。内发光参数与外发光基本一致,只是在"图素"选项组中多了对光源位置的选择。"居中"是发光从中心开始,"边缘"是发光从边缘向内进行。

01 打开本书学习资源"素材文件>CH06>15.tif"文件,如图6-134所示。

02 双击"图层1"的空白处,然后在弹出的"图层样式"对话框中选择"外发光"选项卡,参数设置如图6-135所示,效果如图6-136所示。

图6-134

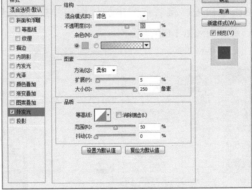

图6-135

图6-136

03 接着选择"内发光"选项卡,参数设置如图6-137所示,效果如图6-138所示。

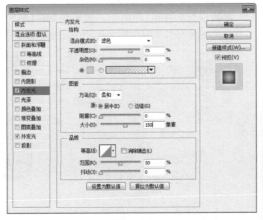

图6-137

图6-138

6.4.6 斜面和浮雕

素材位置	素材文件>CH06>16.tif
实例位置	实例文件>CH06>斜面和浮雕.Psd
学习目标	学习"斜面和浮雕"图层样式的使用方法

（扫码观看视频）

"斜面和浮雕"样式，可以制作出具有立体感的图像，"斜面和浮雕"样式还包括了"等高线"和"纹理"两个子选项卡，它们的作用是对图层应用等高线和透明纹理效果。"斜面和浮雕"选项卡如图6-139所示，其子选项卡，如图6-140和图6-141所示。

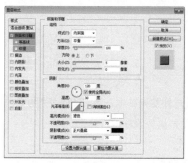

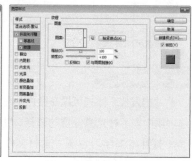

图6-139　　　　　　　　图6-140　　　　　　　　图6-141

01 打开本书学习资源"素材文件>CH06>16.tif"文件，如图6-142所示。

02 选择"图层1"，然后双击空白处，接着在弹出的"图层样式"对话框中选择"斜面和浮雕"选项，参数设置如图6-143所示，效果如图6-144所示。

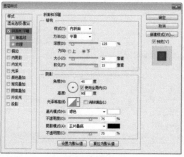

图6-142　　　　　　　　图6-143　　　　　　　　图6-144

03 选择"等高线"子选项卡，参数设置如图6-145所示，效果如图6-146所示。

图6-145　　　　　　　　　图6-146

04 选择"纹理"子选项卡，参数设置如图6-147所示，效果如图6-148所示。

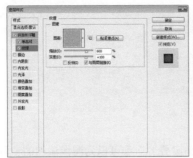

图6-147

图6-148

> **注意**
>
> "斜面和浮雕"选项卡主要包含了"结构"和"阴影"两个选项组，重要参数如下。
>
> （1）结构选项组
>
> 样式：可以设置效果的样式，共有"外斜面""内斜面""浮雕效果""枕状浮雕"和"描边浮雕"5个选项，如图6-149所示。
>
> 方法：可以设置斜面和浮雕的方法，共有"平滑""雕刻清晰"和"雕刻柔和"3种不同的方法，如图6-150所示。
>
> 深度：控制斜面和浮雕效果的深度，数值越大，效果越明显。
>
> 方向：控制斜面和浮雕效果的方向，共有上、下两个方向。选择"上"，呈凸起效果；选择"下"，呈凹陷效果。 图6-149 图6-150
>
> 软化：控制斜面和浮雕效果的亮部区域、暗部区域的柔和程度。
>
> （2）阴影选项组
>
> 高光模式/阴影模式：可以为高光和阴影部分选择不同的混合模式，从而得到不同的效果。此外，还可以单击右侧的色块，为高光和阴影部分选择颜色。
>
> 光泽等高线：可以选择很多预设的等高线中的一种，从而获得特别的效果。
>
> 等高线：包含了当前所有可用的等高线类型。
>
> 纹理：包含了为图层内容添加透明纹理所有类型。

6.4.7 光泽

　　"光泽"图层样式，可以在图层内部根据图层的形状应用投射，通常用于创建光滑的金属效果，图6-151所示是没有添加"光泽"样式与添加"光泽"样式后的对比图。

图6-151

6.4.8 叠加图层样式

素材位置	素材文件 >CH06>17.jpg
实例位置	实例文件 >CH06> 叠加 .Psd
学习目标	学习 3 种叠加图层样式的使用方法

（扫码观看视频）

"颜色叠加""渐变叠加"和"图案叠加"都可以为图像添加的一种叠加效果。虽然都是叠加，但形式和效果完全不同。

01 打开本书学习资源"素材文件>CH06>17.jpg"文件，如图6-152所示。

02 解锁"背景"图层，双击"图层0"的空白处，然后在弹出的"图层样式"对话框中选择"颜色叠加"选项卡，参数设置如图6-153所示，效果如图6-154所示。

图6-152　　　　　　　　　图6-153　　　　　　　　　图6-154

03 取消"颜色叠加"效果，接着选择"渐变叠加"选项卡，参数设置如图6-155所示，效果如图6-156所示。

图6-155　　　　　　　　　图6-156

04 取消"渐变叠加"效果，接着选择"图案叠加"选项卡，参数设置如图6-157所示，效果如图6-158所示。

05 将3种叠加效果同时勾选后，效果如图6-159所示。

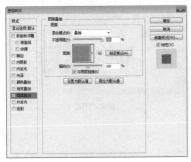

图6-157

图6-158

图6-159

6.4.9 描边

素材位置	素材文件>CH06>18.tif
实例位置	实例文件>CH06>描边.Psd
学习目标	学习3种描边图层样式的使用方法

（扫码观看视频）

"描边"样式，可以沿着图像边缘，使用颜色、渐变和图案3种方式勾画图像的轮廓。

01 打开本书学习资源"素材文件>CH06>18.tif"文件，如图6-160所示。

02 双击"图层1"右侧空白区域，然后在弹出的"图层样式"对话框中选择"描边"选项卡，接着在"填充类型"中选择"颜色"，参数设置如图6-161所示，效果如图6-162所示。

图6-160

图6-161

图6-162

03 将"填充类型"设置为"渐变"，参数设置如图6-163所示，效果如图6-164所示。

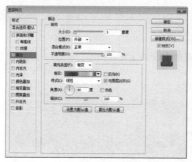

图6-163

图6-164

04 将"填充类型"设置为"图案"，参数设置如图6-165所示，效果如图6-166所示。

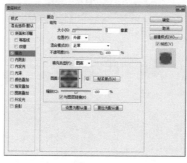

图6-165

图6-166

6.4.10 复制、粘贴、删除图层样式

素材位置	素材文件 >CH06>19.tif
实例位置	实例文件 >CH06> 复制、粘贴、删除图层样式 .Psd
学习目标	学习复制、粘贴、删除图层样式的使用方法

（扫码观看视频）

　　图层样式和图层一样，也可以复制、粘贴和删除，下面通过一个案例详细讲解。

01 打开本书学习资源"素材文件>CH06>19.tif"文件，如图6-167所示。可以观察到，"图层1"带有图层样式，而"图层2"没有图层样式。

02 选择"图层1"，然后在右侧的 *fx.* 按钮上，单击鼠标右键，接着在弹出的菜单中选择"拷贝图层样式"命令，如图6-168所示。

03 选择"图层2"，单击鼠标右键，然后选择"粘贴图层样式"选项，此时图层效果与"图层1"一致，如图6-169所示。

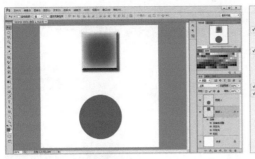
图6-167

图6-168　　　　　　　　　　　图6-169

04 选择"图层1",然后选中"投影"选项 ⊙ 投影 ,将其拖曳到"删除"按钮 🗑 ,此时可以观察到"图层1"投影效果消失,如图6-170所示。

05 选中"图层2",然后选中"效果"选项 ⊙ 效果 ,将其拖曳到"删除"按钮 🗑 ,此时可以观察到,"图层 2"的图层样式全部消失,如图6-171所示。

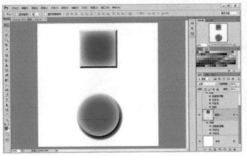
图6-170

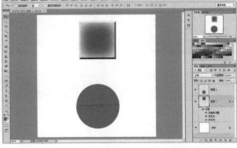
图6-171

TIPS　　　　图层样式前的"眼睛"图标,可以控制该样式是否在图层中可见。

6.4.11 样式面板

在Photoshop的样式面板中,有很多预设好的样式可以任意调用,执行"窗口>样式"菜单命令,即可打开样式面板,如图6-172所示。

单击样式面板右侧的 ≡ ,在弹出的菜单中可以选择各种样式命令,如图6-173所示。该菜单中都是预设好的样式组,可以从中任意选取一组样式,应用于图层上。

图6-174所示是4种默认的样式效果。

图6-172　　　　图6-173

图6-174

课后练习——给效果图添加氛围

素材位置	素材文件 >CH06>20、21、22.jpg
实例位置	实例文件 >CH06> 给效果图添加氛围 .Psd
学习目标	练习混合模式及色彩调整命令添加氛围

（扫码观看视频）

课后练习——材质更换

素材位置	素材文件 >CH06>23、24.jpg
实例位置	实例文件 >CH06> 材质更换 .Psd
学习目标	练习混合模式及色彩调整命令更换材质

（扫码观看视频）

07

通道和蒙版应用

本章主要讲解Photoshop蒙版的应用方法。通过本章学习，读者可以掌握图层蒙版、矢量蒙版、剪贴蒙版和快速蒙版的使用方法与应用技巧。

本章学习要点：

- 掌握图层蒙版的使用方法
- 掌握矢量蒙版的使用方法
- 掌握剪贴蒙版的使用方法
- 掌握快速蒙版的使用方法

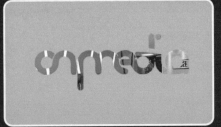

7.1 蒙版

蒙版可以控制显示或隐藏图像内容，使用蒙版可以将图层中隐藏或显示不同区域。此外，通过蒙版还可以制作出各种特殊效果。

Photoshop中有4种蒙版方式，分别是图层蒙版、矢量蒙版、剪贴蒙版和快速蒙版。

7.1.1 图层蒙版

素材位置	素材文件 >CH07>01、02.jpg
实例位置	实例文件 >CH07> 图层蒙版 .Psd
学习目标	学习图层蒙版的使用方法

（扫码观看视频）

图层蒙版是一种灰度图像，其效果与分辨率相关。蒙版中的黑色区域代表完全透明，白色代表完全不透明，灰色代表半透明，灰度越高，透明度也越高。在蒙版中绘制黑白灰即可得到相应的效果。

01 打开本书学习资源"素材文件>CH07>01、02.jpg"文件，然后将02.jpg文件拖入01.jpg中，如图7-1所示。

02 调整好02.jpg的位置，使其完全覆盖01.jpg，如图7-2所示。

图7-1   图7-2

03 选中"图层1"，然后执行"图层>图层蒙版>显示全部"菜单命令，此时蒙版是全白色的，如图7-3所示。

图7-3

　单击"图层"面板底部的"添加图层蒙版"按钮 🔲 也可以添加图层白色蒙版。

04 将"背景色"设置为黑色，然后填充蒙版图层，即可隐藏该图层，如图7-4所示。

　执行"图层>图层蒙版>隐藏全部"菜单命令，或是按住Alt键单击"图层"面板底部的"添加图层蒙版"按钮 🔲 ，也可以直接添加图层黑色蒙版。

图7-4

05 选择"画笔"工具 ✐ ，然后将"前景色"设置为白色、"画笔大小"设置为100，接着在建筑周围的天空中涂抹，最终效果如图7-5所示。

　如果在涂抹时，不小心把黑色部分涂抹到建筑物上，则可以将"前景色"改为黑色，再次涂抹即可复原。

图7-5

06 由于"图层蒙版"是灰度图像，所以蒙版中的白色部分为当前可选内容，可以将其转换为选区使用。按住Ctrl键单击"蒙版缩略图"图标 ，载入选区，如图7-6所示。

07 选择"渐变"工具 ▇ ，然后选择黑到白的渐变色，接着从左上角斜拉到右下角，取消选区效果，如图7-7所示。

图7-6

图7-7

08 鼠标双击"蒙版缩略图"图标，然后自动打开"蒙版"面板，接着设置"羽化值"为35、"浓度"为90％，如图7-8所示。可以观察到建筑与天空的交界处更加融合，建筑也笼罩上一层很薄的天空。

图7-8

7.1.2 矢量蒙版

"矢量蒙版"依靠路径图形来定义图层中图像显示的区域。另外，使用矢量蒙版创建图层之后，还可以给该图层应用一个或多个图层样式，并且可以编辑这些图层样式。

创建"矢量蒙版"的方法与创建"图层蒙版"的方法基本相同，只是"矢量蒙版"是依靠路径图形来定义图像的显示区域。创建"矢量蒙版"时使用"钢笔"工具组或"多边形"工具组队路径进行编辑。

只有在栅格化处理后，才能对"矢量蒙版"图层进行处理。

7.1.3 剪贴蒙版

素材位置	素材文件 >CH07>03.jpg、04.tif
实例位置	实例文件 >CH07> 剪贴蒙版 .Psd
学习目标	学习剪贴蒙版的使用方法

（扫码观看视频）

"剪贴蒙版"由底层图层和内容图层两部分组成，内容层只显示底层图层中有像素的部分，其他部分隐藏。

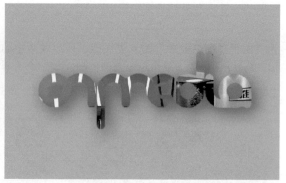

01 打开本书学习资源"素材文件>CH07>03.jpg"文件，然后将"素材文件>CH07>04.tif"文件置于03.jpg图层上，如图7-9所示。

02 双击"背景"图层解锁，"背景"图层自动转换为"图层0"，然后新建一个"图层1"，填充淡蓝色，并调整图层的顺序，如图7-10所示。

图7-9　　　　　　　　　　　　　　　　　　图7-10

03 选中"图层0",然后执行"图层>创建剪贴蒙版"菜单命令,组合键为Alt+Ctrl+G,如图7-11所示。可以观察到,"图层0"的图像只有和图层04重合的部分才显示,其余部分都被隐藏起来。

TIPS

创建"剪贴蒙版"的另一个快捷方式为,按住Alt键,然后将鼠标放在04图层和"图层0"这两个图层中间,当鼠标变成向下的箭头时,单击鼠标即可。

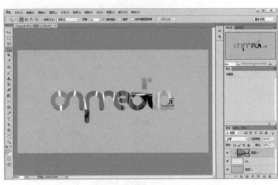

图7-11

04 双击图层04,然后设置"投影"样式参数,如图7-12所示。

05 设置"渐变叠加"选项卡参数,如图7-13所示。最终效果如图7-14所示。

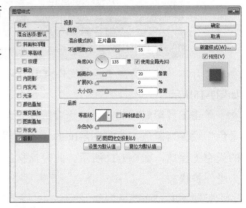

图7-12

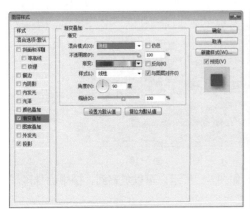

图7-13

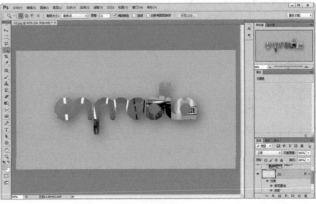

图7-14

7.1.4 快速蒙版

素材位置	素材文件 >CH07>05.jpg、06.jpg
实例位置	实例文件 >CH07> 快速蒙版 .Psd
学习目标	学习快速蒙版的使用方法

（扫码观看视频）

"快速蒙版"是一个创建、编辑选区的临时环境，可以用于快速创建选区。"快速蒙版"不能保存所创建的选区，如果要永久保存选区的话，必须将选区储存为Alpha通道。

01 打开本书学习资源"素材文件>CH07>05.jpg、06.jpg"文件，并将06.jpg文件置于05.jpg文件上方，如图7-15所示。

02 单击工具箱底部的"以快速蒙版模式编辑"按钮，进入"快速蒙版"模式的编辑状态。将"前景色"设置为黑色，并将图层06的"不透明度"设置为50%，然后用"画笔"工具在图层06建筑之外的天空上涂抹，如图7-16所示。此时涂抹的颜色显示为红色，该区域（也就是选区以外的区域）图像为受保护状态。

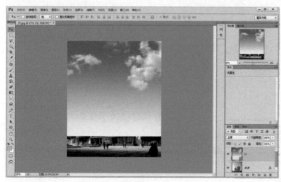 

图7-15　　　　　　　　　　　　　　　　图7-16

03 单击"以标准模式编辑"按钮，此时出现浮动选区，如图7-17所示。可以观察到，图中涂抹区域为选区以外区域。

04 按Delete键删除选区以外的区域，并将图层06"不透明度"改为75%，效果如图7-18所示。

图7-17

图7-18

05 保持选区的浮动状态，然后按快捷键Q切换到
"以快速蒙版模式编辑"命令，可以看到刚才的选
区又转换为涂抹状态。切换到"通道"面板，可以
观察到在"通道"面板中，自动生成了一个临时的
"快速蒙版"通道，如图7-19所示。

TIPS　　默认情况下，"快速蒙版"受保护的区域为红色，不透明度为
50%，这些设置是可以更改的。双击"以快速蒙版模式编辑"按钮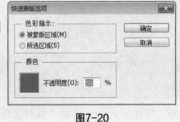
会弹出"快速蒙版选项"对话框，如图7-20所示。在此对话框中，可
以设置蒙版的颜色、不透明度、蒙版区域及所选区域等参数。

图7-20

06 选择图层06，然后将"不透明度"设置为100%，接着按组合键Ctrl＋D取消选区，再单击"以快速蒙
版模式编辑"按钮 ，给图层06添加一个快速蒙版，最后选择黑白渐变，从上到下拉出一个渐变，如图7-21所示。

07 单击"以标准模式编辑"按钮 ，出现浮动选区，然后按Delete键删除，效果如图7-22所示。

图7-21

图7-22

7.2 通道

通道是Photoshop的一个很重要的概念，通俗来说，通道就是用来保存颜色信息和选区的载体。通道可以选择一些较为复杂的物体并保存选区，此外还可以管理各种单色通道并对单色通道进行调整。在后期处理中，更多是用通道来选择填空玻璃这类物体。

Photoshop中包含4钟类型的通道，"颜色通道""Alpha通道""专色通道"和"临时通道"。

7.2.1 颜色通道

素材位置	素材文件 >CH07>07.jpg
实例位置	实例文件 >CH07> 颜色通道 .Psd
学习目标	学习颜色通道的使用方法

（扫码观看视频）

在Photoshop中"颜色通道"十分重要，"颜色通道"可以保存、管理图像中的颜色信息，每幅图像都有自己单独的"颜色通道"，在打开新图像时会主动创建"颜色通道"。图像颜色模式决定创建"颜色通道"的数目和类型。

01 打开本书学习资源"素材文件>CH07>07.jpg"文件，如图7-23所示。

02 在"通道"面板中选择红色通道，然后单击"将通道作为选区载入"按钮[image]，然后画面中选区变为红色通道，如图7-24所示。按住Ctrl键单击红色通道可以快速选取选区。

图7-23   图7-24

03 保持选区，然后单击"RGB通道"，接着切换到"图层"面板，再按组合键Ctrl＋J复制所选区域，如图7-25所示。

04 选中"图层1"，然后执行"滤镜>模糊>高斯模糊"菜单命令，设置参数如图7-26所示。

05 将"图层1"的混合模式设置为"滤色",并复制两次"图层1",如图7-27所示,效果如图7-28所示。

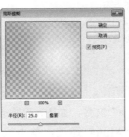

图7-25　　　　　图7-26　　　　　图7-27　　　　　图7-28

06 选中"图层1副本2"图层,然后将混合模式改为"颜色减淡",接着设置"不透明度"为45%,如图7-29所示,效果如图7-30所示。

图7-29　　　　　图7-30

> **注意**
>
> 单击"通道"面板中任意一个通道,可以选择中该通道,此时被选择的通道变为蓝色,成为当前通道。如果单击RGB通道,除了RGB通道外,其余的红、绿、蓝各个通道会被同时选中。按住Shift键,可以同时选中多个通道。
>
> "通道"面板如图7-31所示。
>
> "眼睛"按钮：可以显示或隐藏图标。
>
> "将通道作为选区载入"按钮：可以将所选通道内的选择区域载入图像窗口。
>
> "将选区存储为通道"按钮：可以将选择区域保存到Alpha通道内。
>
> "创建新通道"按钮：可以新建一个Alpha通道。
>
> "删除"按钮：删除所选择的通道。

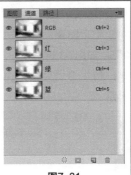

图7-31

7.2.2　Alpha通道

素材位置	素材文件 >CH07>08.tga、09.jpg
实例位置	实例文件 >CH07> Alpha 通道 .Psd
学习目标	学习 Alpha 通道的使用方法

（扫码观看视频）

"Alpha通道"用来储存和编辑选择区域,在后期处理中经常用到"Alpha通道"来创建、选择、保存区域。

01 在Photoshop中打开本书学习资源"素材文件>CH07>08.tga"文件，如图7-32所示。

02 切换到"通道"面板，可以看到面板中自动带了一个Alpha1通道，单击该通道，可以显示窗户，如图7-33所示。

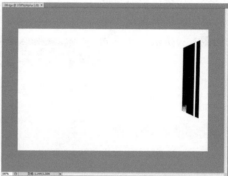

图7-32   图7-33

03 按住Ctrl键，单击"Alpha1通道"，载入选区，如图7-34所示。

04 单击RGB通道，回到"图层"面板，然后双击"背景"图层解锁，此时"背景"图层变为"图层0"，如图7-35所示。

05 按组合键Ctrl+Shift+I反选，然后删除窗外背景，接着按组合键Ctrl+D取消选区，如图7-36所示。

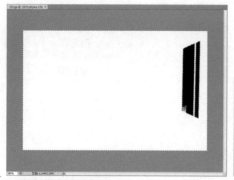

图7-34   图7-35   图7-36

06 将本书学习资源中"素材文件>CH07>09.jpg"文件拖入Photoshop中，并调整好位置，如图7-37所示。

07 栅格化"图层1"，然后选中"图层0"，并切换到"通道"面板，接着按住Ctrl键单击Alpha1通道，载入选区，再回到"图层"面板，效果如图7-38所示。

图7-37

图7-38

08 选中"图层1"，然后按Delete键删除，此时外景便载入到窗户外，如图7-39所示。

09 选中"图层1"，然后按组合键Ctrl＋L打开"色阶"对话框，参数设置如图7-40所示，效果如图7-41所示。

图7-39

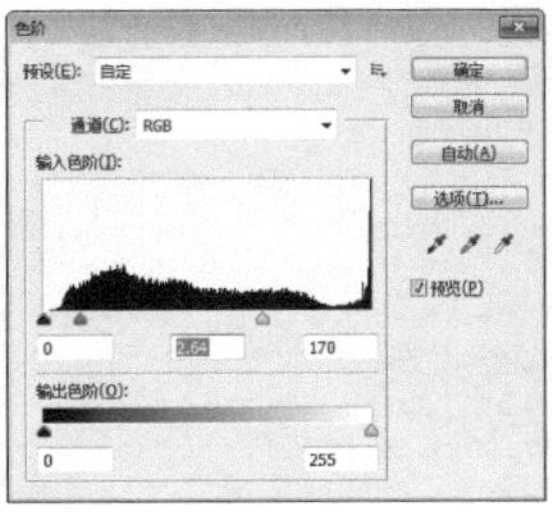

图7-40

图7-41

10 继续选中"图层1"，然后按组合键Ctrl＋U打开"色相/饱和度"对话框，参数设置如图7-42所示，效果如图7-43所示。

图7-42

图7-43

TIPS 在效果图后期制作中，需要注意外景与室内的曝光效果有所不同。在日景中外景的曝光会远远大于室内，呈现曝白状态；而夜景中外景的曝光会小于室内，呈现曝光不足。这样制作出来的效果图才更接近与真实效果。

"Alpha通道"除了可以快速制作外景以外，还可以保存建立选区并反复使用，也可以配合利用黑白渐变制作一些渐隐效果。

11 使用"矩形选框"工具，选择挂画，然后在"通道"面板中单击"将选区存储为通道"按钮 ▣ ，即可将所选区域保存为Alpha2通道，如图7-44所示。

12 单击"通道"面板下的"创建新通道"按钮 ▣ ，即可创建一个Alpha3通道，接着设置"前景"为白色，再用"画笔"工具在Alpha3通道上任意涂抹，之后按住Ctrl键单击"Alpha3通道"，便可出现浮动选区，如图7-45所示。

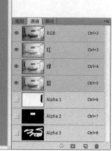

图7-44   图7-45

13 单击"通道"面板下的"创建新通道"按钮 ▣ ，即可创建一个Alpha4通道，接着选择"黑到白"的渐变，在Alpha4通道上拉出渐变效果，如图7-46所示。

14 按住Ctrl键单击"Alpha4通道"，载入选区，如图7-47所示。

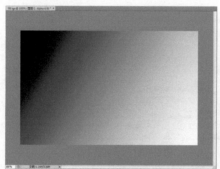
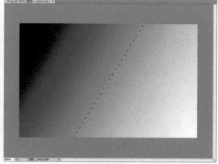

图7-46   图7-47

15 单击RGB通道，然后在"图层"面板中新建一个"图层2"，接着设置"前景色"为浅黄色，填充选区，并设置"不透明度"为25%，效果如图7-48所示。

图7-48

7.2.3 专色通道

"专色通道"主要运用于印刷行业，对于一些特殊的技术工艺，如烫金、烫银和凹凸效果，可以采用"专色通道"进行操作。对于建筑与室内效果图而言，"专色通道"完全没有用。这里就不做详细说明。

7.2.4 临时通道

"临时通道"是一种临时存在的通道，只能暂时记录一些临时的信息。比如，当选择一个带有图层蒙版的图层时，就会在通道中出现一个对应的临时通道。当选择其他没有带图层蒙版的图层时，该通道会自动消失。此外，在使用快速蒙版时，也会同样产生一个相对应的临时通道，当退出快速蒙版时，该临时通道也会自动消失。

7.2.5 应用图像与计算

素材位置	素材文件 >CH07>10.jpg、11jpg
实例位置	实例文件 >CH07> 应用图像与计算 .Psd
学习目标	学习应用图像与计算的使用方法

（扫码观看视频）

"通道"面板中没有混合模式命令，如果需要将各个通道像图层一样采用混合模式，就必须使用"计算"和"应用图像"命令。使用这两个命令的前提是两个打开的文件必须是同样的像素。

"计算"和"应用图像"命令都可以混合通道，但是二者之间有所区别。"计算"命令可以从两个独立的通道中创建新的通道，而"应用图像"命令只能改变现有通道，不能创建新通道。如果图像中有选区，则选区会限制"应用图像"通道的范围，但是"计算"通道则不受选区影响。

01 打开本书学习资源"素材文件>CH07>10.jpg"和"素材文件>CH07>11.jpg"文件，如图7-49所示。

图7-49

02 选择10.jpg文件，然后执行"图像>计算"菜单命令，设置如图7-50所示。

03 单击"确定"按钮后，生成一个Alpha1通道，如图7-51所示。

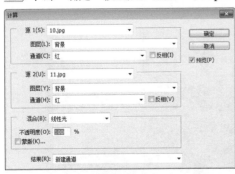

图7-50　　　　　　　　　　　　　　　图7-51

04 重新打开10.jpg和11.jpg文件，然后选择10.jpg文件，执行"图像>应用图像"菜单命令，参数设置如图7-52所示。

05 单击"确定"按钮后，可以观察到两个文件的线性光混合效果，但是并没有生成一个新的通道，如图7-53所示。

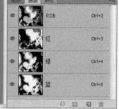

图7-52　　　　　　　　　　　　　　　　　图7-53

课后练习——用Alpha通道更换外景

素材位置	素材文件 >CH07>12.tga、13.jpg
实例位置	实例文件 >CH07> 用 Alpha 通道更换外景 .Psd
学习目标	练习用 Alpha 通道更换外景

（扫码观看视频）

课后练习——用颜色通道更换材质

素材位置	素材文件 >CH07>14.tga、15、16.jpg
实例位置	实例文件 >CH07> 用颜色通道更换材质 .Psd
学习目标	练习用颜色通道更换材质和替换外景

（扫码观看视频）

08

滤镜应用

本章主要讲解Photoshop滤镜的应用方法。通过本章学习，读者可以掌握效果图修改中常用滤镜的应用，以及其他滤镜的基本作用。

本章学习要点：

- 掌握常用滤镜的使用方法
- 掌握各个滤镜组的使用方法
- 掌握外挂滤镜安装方法

8.1　滤镜

Photoshop内置的滤镜种类很多，但是在效果图制作上能够用到的不多。本章将重点讲解在效果图中常用的滤镜，其余只做简要介绍。

8.1.1　滤镜库

素材位置	素材文件 >CH08>01.jpg
实例位置	实例文件 >CH08> 滤镜库 .Psd
学习目标	学习滤镜库的使用方法

（扫码观看视频）

"滤镜库"将Photoshop中提供的部分滤镜整合在一起，通过单击相应的滤镜命令图标，可以在对话框的"预览"窗口中查看图像应用该滤镜后的效果。使用"滤镜库"时，可以同时使用不同的滤镜，也可以多次应用单个滤镜。

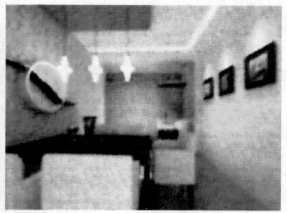

01 打开本书学习资源"素材文件>CH08>01.jpg"文件，如图8-1所示。

02 执行"滤镜>滤镜库"菜单命令，然后打开"滤镜库"对话框，单击"画笔描边>成角的线条"命令，如图8-2所示。可以观察到，"滤镜库"对话框左侧为"预览"窗口，中间为滤镜类型，右侧为选择滤镜的选项参数和应用滤镜效果列表。

图8-1　　　　　　　　　　　　　　　　　图8-2

03 若需要全览效果，只需要在预览窗口上单击鼠标右键，然后在弹出的菜单中选择25％，如图8-3所示。效果如图8-4所示。

图8-3　　　　　　　　　　　　　　　　　图8-4

TIPS　　除了在菜单中选择缩放比例以外，还可以在预览窗口下方 25% 单击"＋"放大显示，单击"－"缩小显示，也可以直接在"数值栏"输入数值确定大小。

04 单击"新建效果图层"按钮，添加一个"滤镜"图层，然后单击"纹理>纹理化"命令，此时新建的"滤镜"图层自动变为纹理化，图片在原来成角的线条基础上又增加一个纹理化效果，如图8-5所示。

05 再次单击"新建效果图层"按钮，添加一个"滤镜"图层，然后单击"素描>水彩画纸"命令，此时新建的"滤镜"图层自动变为水彩画纸，图片在原来的基础上又增加一个水彩画纸效果，如图8-6所示。

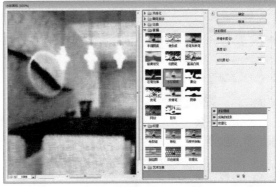

图8-5　　　　　　　　　　　　　　　　　图8-6

TIPS　　如果需要删除某个滤镜效果，可以将该滤镜图层直接拖到"删除"按钮。

06 单击"确定"按钮后，增加的3个滤镜效果如图8-7所示。

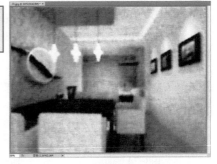

图8-7

1.画笔描边滤镜组

　　"画笔描边"滤镜组中包含"成角的线条""墨水轮廓""喷溅""喷色描边""强化边缘""深色线条""烟灰墨"和"阴影线"共8种滤镜效果。这些滤镜主要采用不同的画笔和油墨笔触效果重新描绘图像，即可得到具有绘画感觉的画面效果。此外，有些滤镜还可以创建出点状化效果。这8种滤镜效果依次如图8-8~图8-15所示。

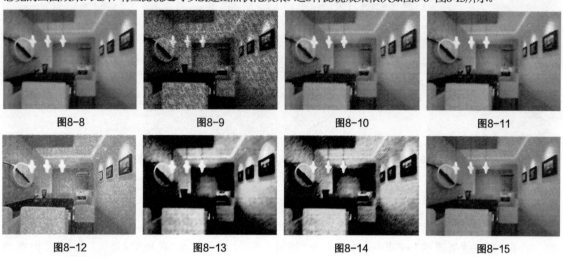

图8-8　　　　　　　　　图8-9　　　　　　　　　图8-10　　　　　　　　　图8-11

图8-12　　　　　　　　　图8-13　　　　　　　　　图8-14　　　　　　　　　图8-15

2.素描滤镜组

　　"素描"滤镜组的大多数滤镜使用前景色和背景色将原图色彩置换，可以创建出炭笔、粉笔等素描化效果。"素描"滤镜组包括"半调图案""便条纸""粉笔和炭笔""铬黄渐变""绘图笔""基底凸现""石膏效果""水彩画纸""撕边""炭笔""炭精笔""图章""网状"和"影印"14个滤镜命令，滤镜效果依次如图8-16~图8-29所示。

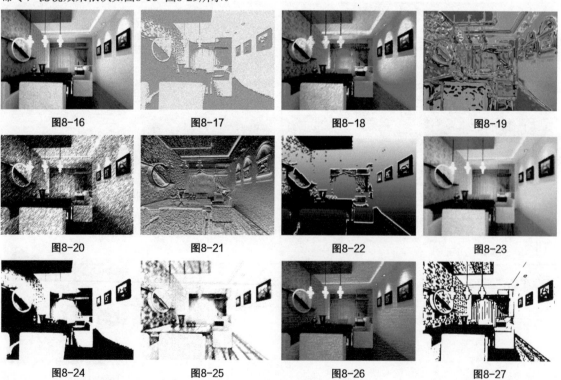

图8-16　　　　　　　　　图8-17　　　　　　　　　图8-18　　　　　　　　　图8-19

图8-20　　　　　　　　　图8-21　　　　　　　　　图8-22　　　　　　　　　图8-23

图8-24　　　　　　　　　图8-25　　　　　　　　　图8-26　　　　　　　　　图8-27

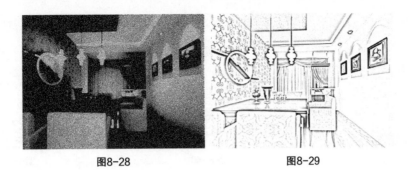

图8-28　　　　　　　　　　　　　　　　图8-29

3.纹理滤镜组

"纹理"滤镜组中，可以使图像生成各种纹理效果，包括"龟裂纹""颗粒""马赛克拼贴""拼缀图""染色玻璃"和"纹理化"6种滤镜效果，各种效果依次如图8-30~图8-35所示。

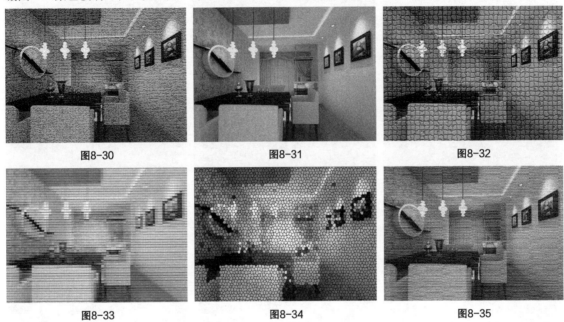

图8-30　　　　　　　　　　图8-31　　　　　　　　　　图8-32

图8-33　　　　　　　　　　图8-34　　　　　　　　　　图8-35

4.艺术效果滤镜组

"艺术效果"滤镜组，可以将图片制作成各种绘画效果和艺术效果，主要包括"壁画""彩色铅笔""粗糙蜡笔""底纹效果""调色刀""干画笔""海报边缘""海绵""绘画抹布""胶片颗粒""木刻""霓虹灯光""水彩""塑料包装"和"涂抹棒"共15种效果，滤镜效果依次如图8-36~图8-50所示。

图8-36　　　　　　　　　　图8-37　　　　　　　　　　图8-38

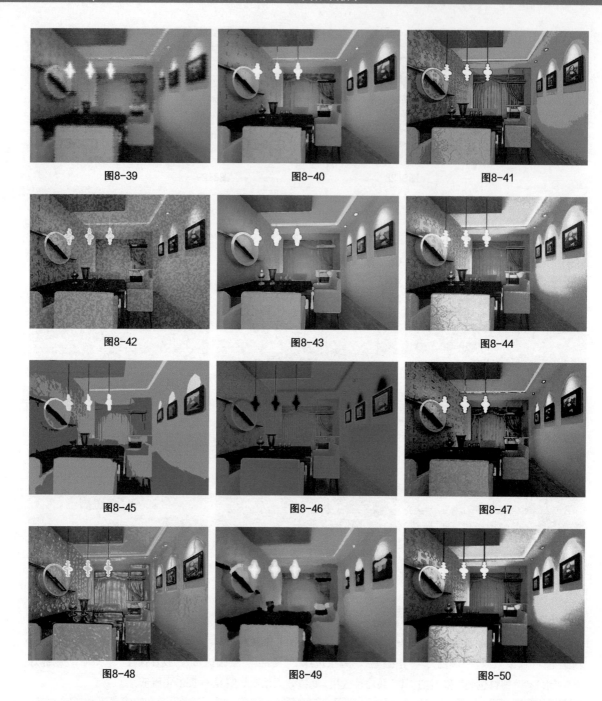

图8-39　　　　　　　　　　图8-40　　　　　　　　　　图8-41

图8-42　　　　　　　　　　图8-43　　　　　　　　　　图8-44

图8-45　　　　　　　　　　图8-46　　　　　　　　　　图8-47

图8-48　　　　　　　　　　图8-49　　　　　　　　　　图8-50

8.1.2　液化滤镜

　　"液化"滤镜可以将图像内容像液体一样进行扭曲变形，在"液化"滤镜对话框中使用相应的工具，可以推、拉、旋转处理图像任意区域，从而使图像画面产生特殊的艺术效果。需要注意的是，"液化"滤镜在"索引颜色""位图"和"多通道"模式下不可用。

　　"液化"滤镜常常用来处理人像图片，在效果图中基本用不到，这里就不再做详细讲解。

8.1.3 消失点滤镜

素材位置	素材文件 >CH08>02.jpg
实例位置	实例文件 >CH08> 消失点滤镜 .Psd
学习目标	学习消失点滤镜的使用方法

（扫码观看视频）

"消失点"滤镜可以根据透视原理,在图像中生成带有透视效果的图像,较为简单地创建出效果逼真的建筑物墙面。另外该滤镜还可以根据透视原理对图像进行校正,使图像产生正确的透视变形效果。

01 打开本书学习资源"素材文件>CH08>02.jpg"文件,如图8-51所示。

02 执行"滤镜>消失点"菜单命令,打开"消失点"对话框,然后使用"创建平面工具" 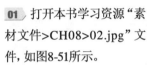 绘制左边的墙面,如图8-52所示。

图8-51

图8-52

03 使用"选框"工具框选出选区,并使用"画笔"工具 将选出的区域全部涂白,如图8-53所示。

04 单击"确定"按钮后,"图层1"出现刚才涂抹的区域,如图8-54所示。

图8-53

图8-54

05 关闭"图层1",然后选择"背景"图层,用"多边形套索"工具框选出左侧墙面,接着按组合键Ctrl+J复制所选区域,得到"图层2",并将"图层2"移动到"图层1"上方,如图8-55所示。

06 打开"图层1"，然后选择"图层2"，接着按组合键Ctrl＋T打开自由变换工具，再单击鼠标右键，在弹出的菜单中选择"扭曲"命令，如图8-56所示。

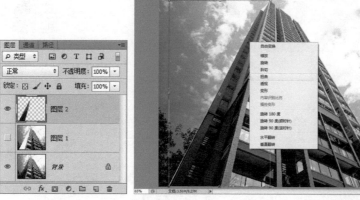

图8-55   图8-56

07 调整变化如图8-57所示，单击"确定"按钮后，效果如图8-58所示。可以观察到，左侧墙面提高了透视效果。

图8-57   图8-58

8.1.4 风格化滤镜组

"风格化"滤镜组共有8种滤镜命令，这些滤镜可以通过置换像素和增加像素对比度，使图像产生手绘或印象派绘画效果。这些滤镜应用较少，且效果非常直观，在这里仅简单展示一下效果。

1.查找边缘

"查找边缘"滤镜，能自动搜索画面中对比强烈的边界，将高反差区变亮，低反差区变暗，同时将硬边变为线条，将柔边变粗，形成一个清晰的轮廓，效果如图8-59和图8-60所示。

图8-59   图8-60

2.等高线

"等高线"滤镜，可以自动查找颜色通道，同时在主要亮度区域勾画线条，效果如图8-61所示。

图8-61

4.浮雕效果

"浮雕效果"滤镜，会自动勾画出图像轮廓，以及通过降低图像周边的色值来生成凹凸的浮雕效果，如图8-63所示。

3.风

"风"滤镜，可以通过增加一些细小的水平线来模拟风吹效果，风吹方向主要有"向左吹"和"向右吹"两种。如果需要不同方向的风，要先将图像旋转到需要的方向，再应用"风"滤镜，效果如图8-62所示。

图8-62

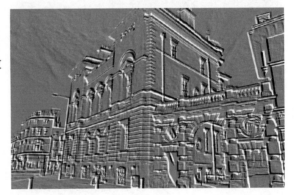

图8-63

5.扩散

"扩散"滤镜，可以使图像扩散，形成一种分离模糊的效果。"扩散"滤镜模式若为"正常"，像素将随机移动；若为"便暗优先"，较暗的像素会替换亮的像素；若为"变亮优先"，较亮的像素会替换暗的像素；若为"各向异性"，则会在颜色变化最小的方向上搅乱像素，如图8-64~图8-67所示。

图8-64

图8-65

图8-66

图8-67

6.拼贴

"拼贴"滤镜，会根据设定的拼贴数值将图像分成块状，生成不规则的瓷砖效果，如图8-68所示。

7.曝光过度

"曝光过度"滤镜，可以产生类似照片短暂曝光的负片效果，如图8-69所示。

图8-68

图8-69

8.凸出

"凸出"滤镜可以产生特殊的三维效果。其类型为"块"时，可以创建一个方形的正面和四个侧面的对象；其类型为"金字塔"时，可以创建相交于一点的4个三角形侧面的对象，如图8-70和图8-71所示。

图8-70

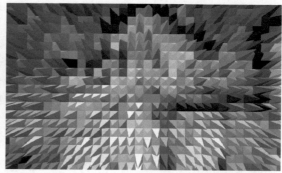

图8-71

8.1.5 模糊滤镜组

"模糊"滤镜组中包括14种滤镜，这些滤镜可以使图像产生不同的模糊效果。在效果图修改中，常用到"高斯模糊""径向模糊"和"镜头模糊"等少数滤镜。"模糊"滤镜组使用较为简单，非常直观，在效果上也是大同小异，这里就不详细说明。下面介绍"模糊"滤镜组的14种滤镜。

1.表面模糊

"表面模糊"滤镜，能够在保留图像边缘的同时模糊图像。该滤镜中的"半径"决定了模糊取样区域的大小，"阈值"则用来控制模糊的范围，如图8-72和图8-73所示。

图8-72

图8-73

2.动感模糊

"动感模糊"滤镜，可以沿着指定方向以指定的强度模糊图像，产生给移动对象拍照的效果，在表现对象的速度感时经常会用到该滤镜，如图8-74所示。

图8-74

3.方框模糊

"方框模糊"滤镜，可基于相邻像素的平均颜色来模糊图像，如图8-75所示。

图8-75

4.高斯模糊

"高斯模糊"滤镜，是较为常用的模糊滤镜，可以使图像产生一种朦胧感，如图8-76所示。

图8-76

5.进一步模糊

"进一步模糊"滤镜，可以在图像明显颜色变化的地方消除杂色，其模糊效果比较强烈，如图8-77所示。

图8-77

6.径向模糊

"径向模糊"滤镜，可以模拟缩放和旋转相机所产生的模糊现象。选择"旋转"，可以沿着同心圆环线模糊；选择"缩放"，可以沿径向线模糊，图像产生放射状模糊效果；选择"中心模糊"，可以将单击点设置为模糊的原点，原点位置不同，模糊效果也不同，如图8-78和图8-79所示。

图8-78

图8-79

7.镜头模糊

"镜头模糊"滤镜，可以产生镜头景深效果，如图8-80所示。

8.模糊

"模糊"滤镜，能产生轻微的模糊效果，如图8-81所示。

图8-80

图8-81

9.平均

"平均"滤镜，会以图像的平均颜色填充图像，创建平滑的效果，如图8-82所示。

图8-82

10.特殊模糊

"特殊模糊"滤镜，可以通过设置"半径""阈值"和"模糊品质"等参数，精确地定义模糊图像。"正常"模式，不会添加任何效果；"仅限边缘"模式，会以黑色显示图像，以白色描绘图像边缘；"叠加边缘"模式则以白色描绘图像边缘亮度值变化强烈的区域，如图8-83~图8-85所示。

图8-83 图8-84 图8-85

11.形状模糊

　　"形状模糊"滤镜，可以使用指定的形状创建特殊的模糊效果，如图8-86所示。

12.场景模糊

　　"场景模糊"滤镜，是Photoshop CS6新加入的滤镜，可以制作出图像的景深效果。通过控制面板的"模糊"控制模糊的大小，移动图像上的控制点，还可以控制模糊的位置，如图8-87所示。

图8-86

图8-87

13.光圈模糊

　　"光圈模糊"滤镜，是Photoshop CS6新加入的滤镜，同"场景模糊"一样，"光圈模糊"也可以制作出景深效果，在控制上，比"场景模糊"要简单，效果如图8-88所示。

14.倾斜偏移

　　"倾斜偏移"滤镜，是Photoshop CS6新加入的滤镜，这个滤镜用来模拟移轴效果，效果如图8-89所示。

图8-88

图8-89

8.1.6 扭曲滤镜组

"扭曲"滤镜组可以将当前图层或者选区图形进行各种各样的扭曲变化，从而创建出类似于波纹、波浪的效果。"扭曲"滤镜组包含9种滤镜效果。

1.波浪

"波浪"滤镜，可以在图像上产生类似波浪的效果。其"生成器数"用于控制产生波浪效果的震源总数；"波长"是指从一个波峰到下一个波峰的距离；"波幅"是指最大和最小的波浪幅度；"比例"用于控制水平和垂直方向的波动幅度，其效果如图8-90所示。

图8-90

2.波纹

"波纹"滤镜与"波浪"滤镜的工作方式相同，但提供的选项较少，只能控制波纹的数量和大小，如图8-91所示。

图8-91

3.极坐标

"极坐标"滤镜，可以通过转换坐标的方式，创建一种图像变形效果，如图8-92所示。

图8-92

4.挤压

"挤压"滤镜，可以得出一种挤压图像的效果，当"数量"为正值时，图像向内凹；当"数量"为负值时，图像向外凸，如图8-93和图8-94所示。

图8-93

图8-94

5.切边

"切边"滤镜，可以通过曲线控制来扭曲图像。在曲线上单击可以添加控制点，通过拖曳控制点改变曲线形状，即可改变图像扭曲，操作和调整的曲线命令一样，效果如图8-95所示。

图8-95

6.球面化

"球面化"滤镜，可以将画面扭曲成球形效果，如图8-96所示。

图8-96

7.水波

"水波"滤镜，可以产生类似于水面涟漪的效果，如图8-97所示。

图8-97

8.旋转扭曲

"旋转扭曲"滤镜，可以使图像围绕图像中心进行旋转，当"角度"为正数时，沿顺时针方向旋转；当"角度"为负数时，沿逆时针方向旋转，如图8-98和图8-99所示。

图8-98

图8-99

9.置换

"置换"滤镜，可以将一张图片的亮度值，按现有图像的像素重新排列并产生位移。置换时需要使用到PSD格式，如图8-100所示。

图8-100

8.1.7 锐化滤镜组

"锐化"滤镜组包含5种滤镜，"锐化"滤镜组的不同滤镜，可以使图像产生不同程度的锐化，其中"USM锐化"是最长用到的锐化滤镜，将重点讲解。

1.USM锐化

素材位置	素材文件 >CH08>03.jpg
实例位置	实例文件 >CH08> USM 锐化 .Psd
学习目标	学习 USM 锐化的使用方法

（扫码观看视频）

"USM锐化"滤镜，可以查找图像颜色发生变化最显著的区域，然后将其锐化。在效果图的修改中，能够起到使画面变得精致的作用。

01 打开本书学习资源"素材文件>CH08>03.jpg"文件，如图8-101所示。

02 执行"滤镜>锐化>USM锐化"菜单命令，然后在弹出的对话框中设置"数量"为60％，"半径"为5像素，"阈值"为4色阶，如图8-102所示。

03 单击"确定"按钮，最终效果如图8-103所示。

图8-101   图8-102   图8-103

2.进一步锐化

"进一步锐化"滤镜，通过增加像素间的对比度使图像变得清晰，且锐化效果较为明显，如图8-104所示。

图8-104

3.锐化

"锐化"滤镜，在原理上和"进一步锐化"滤镜一样，但锐化效果不明显，如图8-105所示。

图8-105

4.锐化边缘

"锐化边缘"滤镜，作用原理和"USM锐化"滤镜一样，位移的区别就是"USM锐化"滤镜提供调整的参数较多，更适用于复杂的效果制作，因此在修改效果中"USM锐化"滤镜更为常用。"锐化边缘"滤镜的效果如图8-106所示。

图8-106

5.智能锐化

"智能锐化"滤镜与"USM锐化"滤镜比较相似，但它具有更多的参数控制，甚至可以控制高光和阴影区域中的锐化数值，效果如图8-107所示。

图8-107

8.1.8 像素化滤镜组

"像素化"滤镜组中的滤镜，可以将图像中颜色相近的像素结成块来定义一个选区，也可以创建出抽象派油画和版画的效果。像素化滤镜组包括"彩块化""色彩半调""点状化""晶格化""马赛克""碎片"和"同班雕刻"7种效果，原图和效果图如图8-108~图8-115所示。

图8-108

图8-109

图8-110

图8-111

图8-112

图8-113

图8-114

图8-115

8.1.9 渲染滤镜组

"渲染"滤镜组，包含了5种效果，可以制作出云彩和各种光效果。

1.云彩、分层云彩

素材位置	无
实例位置	实例文件 >CH08> 云彩、分层云彩 .Psd
学习目标	学习云彩、分层云彩滤镜的使用方法

（扫码观看视频）

"云彩"滤镜可以生成云彩效果，其颜色由前景色和背景色决定。分层云彩则会将云彩数据与现有像素混合，如果多次采用"分层云彩"滤镜，可以得到类似大理石的纹理效果。

01 新建一个文件，然后设置"前景色"为蓝色、"背景色"为白色，如图8-116所示。

02 执行"滤镜>渲染>云彩"菜单命令，效果如图8-117所示。

03 执行"滤镜>渲染>分层云彩"菜单命令，效果如图8-118所示。

04 多次按组合键Ctrl+F，不断重复使用"分层云彩"滤镜，最终效果如图8-119所示。

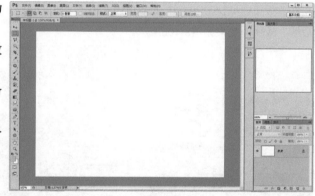
图8-116

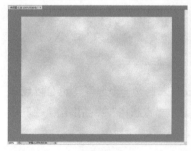

图8-117

图8-118

图8-119

TIPS

组合键Ctrl+F的作用是重复上一次滤镜。

2.光照效果

素材位置	素材文件 >CH08>04.jpg
实例位置	实例文件 >CH08> 光照效果 .Psd
学习目标	学习光照效果滤镜的使用方法

　　光照效果可以产生十几种光照样式，创建出如射灯、泛光灯、手电筒等灯光效果。

01 打开本书学习资源"素材文件>CH08>04.jpg"文件，如图8-120所示。

02 按组合键Ctrl＋J复制两层，如图8-121所示。

图8-120　　　　　　　　图8-121

03 选择"图层1副本"图层，然后执行"滤镜>渲染>光照效果"菜单命令，接着在弹出的对话框中，设置图8-122所示的参数。设置后效果如图8-123所示。

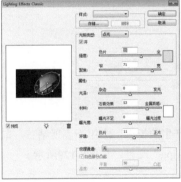

图8-122　　　　　　　　图8-123

04 选择"图层1"，然后执行"滤镜>渲染>光照效果"菜单命令，接着在弹出的"光照效果"滤镜对话框中，设置图8-124所示的参数。

05 将"图层1"和"图层1副本"两个图层的混合模式都改为"滤色"，此时效果如图8-125所示。可以观察到，原本较暗的环境出现了类似探照灯的效果，整个场景也变亮不少。

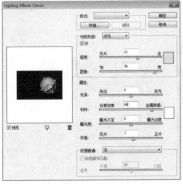

图8-124　　　　　　　　图8-125

某些情况下，当需要执行"光照效果"滤镜时，会发现菜单中这一选项是灰色的，无法使用，如图8-126所示。

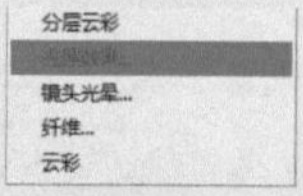

当出现这种情况，有两种解决办法。

第1种：执行"编辑>首选项>性能"菜单命令，然后在弹出的对话框中，勾选右下角的"使用图形处理器"选项。

图8-126

第2种：在网上下载Lighting Effcts.8BF文件，然后将其移动到Photoshop CS6安装目录下的Plug-Ins>Filters文件夹中，接着重启软件，再打开时，就会在菜单中看到一个Lighting Effcts Clssic选项，这就是安装后的"光照效果"滤镜，如图8-127所示。

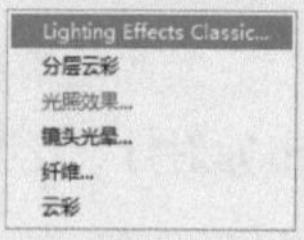

图8-127

3.纤维

"纤维"滤镜，可以使用前景色和背景色创建编织纤维效果，如图8-128所示。

图8-128

4.镜头光晕

素材位置	素材文件 >CH08>05.jpg
实例位置	实例文件 >CH08> 镜头光晕 .Psd
学习目标	学习镜头光晕滤镜的使用方法

（扫码观看视频）

"镜头光晕"滤镜，可以模拟相机镜头产生的折射，多用于表现钻石、车灯等效果。

01 打开本书学习资源"素材文件>CH08>05.jpg"文件，如图8-129所示。

02 按组合键Ctrl＋J复制一层，如图8-130所示。

03 选中"图层1"，执行"滤镜>渲染>镜头光晕"菜单命令，然后在弹出的对话框中，设置图8-131所示的参数。

图8-129

图8-130

图8-131

04 单击"确定"按钮后，效果如图8-132所示。

图8-132

TIPS 若要精确定位"光晕中心"的位置,按住组合键 Ctrl + Alt,并在"光晕中心"预览框中单击,就会弹出 "精确光晕中心"对话框,如图8-133所示。输入数 值,便可以定位"光晕中心"的位置。

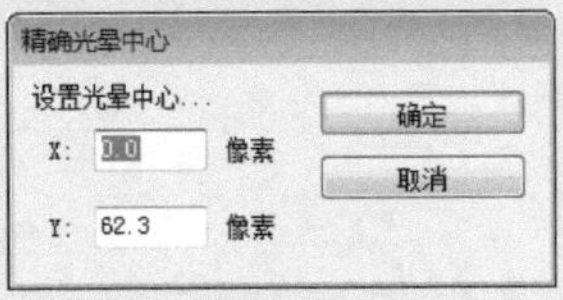

图8-133

8.1.10 杂色滤镜组

"杂色"滤镜组中的滤镜,可以为图像添加或去除杂色、杂点,在一定程度上可以优化图像。此外,还可以通过"蒙尘与划痕"选项,在一定程度上去除扫描仪扫描图片时留下的灰尘和划痕。"杂色"滤镜组中的滤镜,如图8-134所示。

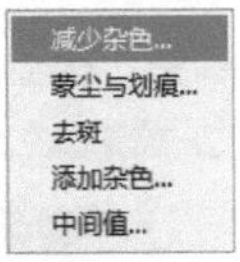

图8-134

8.1.11 其他滤镜组

"其他"滤镜组中的滤镜,可以改变图像像素的排列,还可以在图像中使图像发生位移并快速调整颜色。"其他"滤镜组中的滤镜,如图8-135所示。

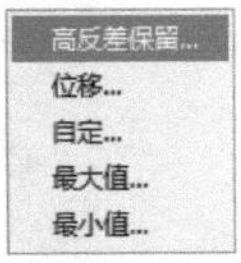

图8-135

8.1.12 Digimarc滤镜组

"Digimarc"滤镜组中的滤镜,可以将数字水印嵌入图像,起到保护版权的作用。但是要使用Digimarc滤镜组潜入水印,必须先注册,嵌入水印后才能读取水印。Digimarc滤镜组如图8-136所示。

图8-136

8.1.13 Nik Software滤镜组

"Nik Software"滤镜组,是一款适用于Mac操作系统的软件。其中包含了调色、锐化、黑白影像制作等一系列强大的滤镜效果。Nik Software滤镜组如图8-137所示。

图8-137

8.2 外挂滤镜

上文中所讲的都是Photoshop软件自带的滤镜,此外,Photoshop还有数量众多的外挂滤镜。这些外挂滤镜由公司或个人开发,可以在Photoshop上使用。除了外挂滤镜以外,网上还有很多画笔等外挂插件,可以将其安装或复制粘贴到Photoshop的安装目录下使用。

下载好的外挂滤镜，有一些是直接安装的，然后重启Photoshop即可在"滤镜"菜单中找到使用；还有一些是将其复制到Photoshop安装目录下的Plus-Ins文件夹中，然后重启软件，即可在"滤镜"菜单中找到，如图8-138所示。

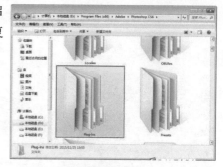

图8-138

课后练习——柔光效果制作

素材位置	素材文件 >CH08>06.jpg
实例位置	实例文件 >CH08> 柔光效果制作 .Psd
学习目标	练习高斯模糊滤镜和混合模式

（扫码观看视频）

课后练习——水彩效果制作

素材位置	素材文件 >CH08>07.jpg
实例位置	实例文件 >CH08> 水彩效果制作 .Psd
学习目标	练习多种滤镜和混合模式

（扫码观看视频）

09

彩色平面图后期制作

本章主要讲解彩色平面图的后期表现手法，包括一些常见工具命令在总图制作中的运用，如油漆桶工具、矩形选区工具及图层样式。

本章学习要点：

- 了解彩色平面图的基本制作流程
- 掌握彩色平面图的制作规范
- 掌握景观类建筑配景摆放及虚实处理
- 掌握整体色调的润色及氛围的增强

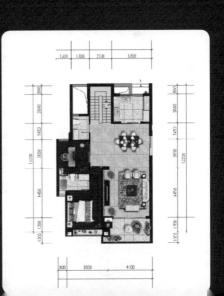

9.1　室外总图的后期表现

素材位置	素材文件 >CH09> tga01、素材 01
实例位置	实例文件 >CH09> 室外总图的后期表现 .Psd
学习目标	掌握室外总图的后期表现

（扫码观看视频）

室外总图的后期表现效果。

9.1.1　合成通道及大图文件

打开本书学习资源"素材文件>CH08>tga01"文件夹，在Photoshop中打开所有的tga文件，"图层"面板如图9-1所示，合成效果如图9-2所示。

图9-1

图9-2

9.1.2 水面的调整

01 用td3图层选取水面，效果如图9-3所示。

02 选中"背景副本"图层，然后按组合键Ctrl＋J复制，如图9-4所示。

图9-3　　　　　　　　　　　　　　　图9-4

03 选中"图层1"，然后按组合键Ctrl＋U，打开"色相/饱和度"对话框，设置参数如图9-5所示。调整后的效果如图9-6所示。

图9-5　　　　　　　　　　　　　　　图9-6

9.1.3 路面的调整

01 用td3图层选取路面，效果如图9-7所示。

02 选中"背景副本"图层，然后按组合键Ctrl＋J复制，如图9-8所示。

图9-7　　　　　　　　　　　　　　　图9-8

03 选中"图层2"，然后按组合键Ctrl＋U，打开"色相/饱和度"对话框，设置图9-9所示的参数。调整后的效果如图9-10所示。

图9-9

图9-10

9.1.4 草地的调整

01 用td3图层选取草地，效果如图9-11所示。

02 选中"背景副本"图层，然后按组合键Ctrl＋J复制，如图9-12所示。

03 选中"图层3"，然后按组合键Ctrl＋M，打开"曲线"对话框，设置图9-13所示的参数。

图9-11

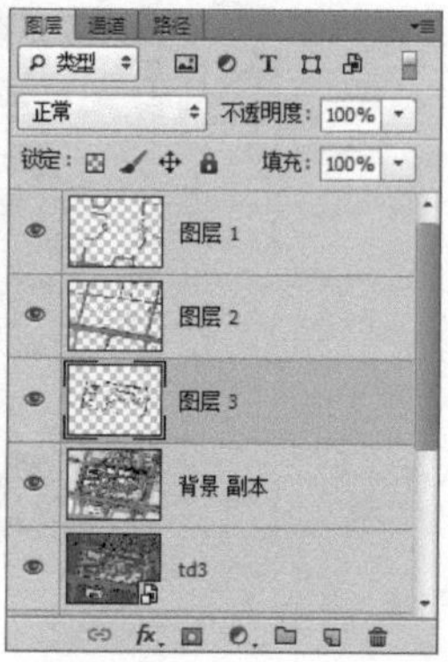

图9-12

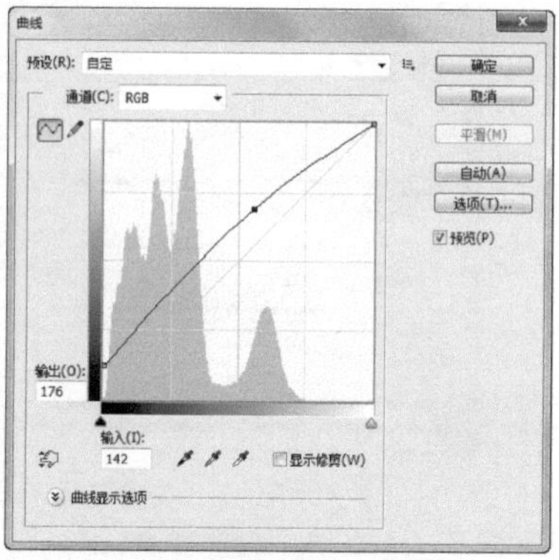

图9-13

04 继续选中"图层3"，然后按组合键Ctrl＋B，打开"色彩平衡"对话框，具体参数如图9-14所示。调整后的效果如图9-15所示。

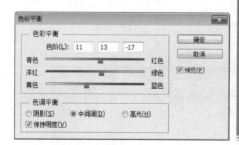

图9-14

图9-15

9.1.5　屋顶的调整

01 用td3图层选取屋顶，效果如图9-16所示。

02 选中"背景副本"图层，然后按组合键Ctrl＋J复制，如图9-17所示。

03 选中"图层3"，然后按组合键Ctrl＋L，打开"色阶"对话框，设置图9-18所示的参数。

图9-16

图9-17

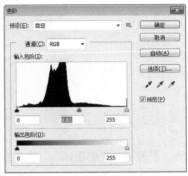

图9-18

04 继续选中"图层3"，然后按组合键Ctrl＋B，打开"色彩平衡"对话框，具体参数设置如图9-19所示。调整后的效果如图9-20所示。

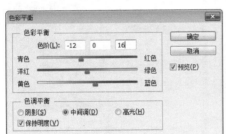

图9-19

图9-20

9.1.6　树丛的调整

01 打开本书学习资源"素材文件>CH09>素材01>配景.psd"文件，如图9-21所示。

02 将"配景.psd"文件中的图层全部合并到场景中，并创建一个图层组，命名为"配景"，如图9-22所示。

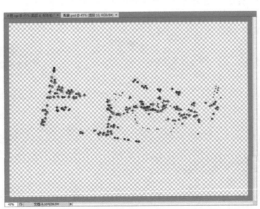

图9-21

图9-22

03 选中"配景"图层组，单击"图层样式"按钮 **fx**，然后在弹出的"图层样式"对话框中设置图9-23所示的参数，效果如图9-24所示。

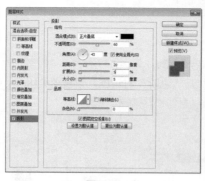

图9-23　　　　　　　　　　　　　　　　图9-24

9.1.7　周边的虚化处理

01 新建一个"图层10"，然后置于"图层"面板最顶端，如图9-25所示。

02 单击"渐变工具" **□**，在状态栏中调出"渐变编辑器"对话框，并选择"从前景色到透明渐变"预设类型，如图9-26所示。

03 在"图层10"的四周使用线性渐变，分别从四周拉出从白色到透明的渐变，处理后的效果如图9-27所示。

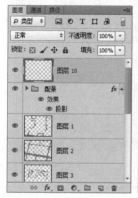

图9-25　　　　　　　　图9-26　　　　　　　　　　　　图9-27

04 将"图层10"的混合模式更改为"柔光"，如图9-28所示。

05 将"图层10"复制一层为"图层10副本"，并更改"图层10副本"的混合模式为"滤色"，且"不透明度"为22%，如图9-29所示。处理后的效果如图9-30所示。

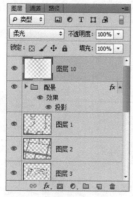

图9-28　　　　　　　　图9-29　　　　　　　　　　　　图9-30

9.1.8 刷光操作

01 新建一个"图层11"，然后置于"图层"面板顶部，如图9-31所示。

02 双击该图层的缩略图，在弹出的"图层样式"对话框中勾选"将内部效果混合成组"选项，同时取消勾选其他选项，接着更改该图层的混合模式为"颜色减淡"，参数如图9-32所示。

03 选用一个较柔和、"不透明度"为20%的画笔，沿着景观的中轴区域进行刷光操作。处理后的效果如图9-33所示。

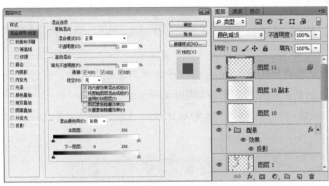

图9-32

图9-33

9.1.9 图像的色彩调整

01 按组合键Ctrl+Shift+Alt+E对图像进行盖印操作，即图9-34所示的"图层12"。

 TIPS "盖印"就是将处理后的分图层效果合并到一张新的图层中，与合并图层不同的是，盖印会生成一个新的图层，且不会影响其余图层。

02 选中"图层12"，然后按组合键Ctrl＋M打开"曲线"对话框，设置图9-35所示的参数。

图9-34

03 继续选中"图层12"，然后按组合键Ctrl＋B打开"色彩平衡"对话框，设置图9-36所示的参数。调整后的效果如图9-37所示。

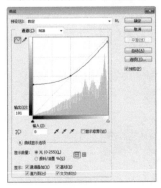

图9-35

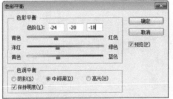

图9-36

图9-37

04 按Q键进入"快速蒙版"模式，然后拉一个从左上角到右下角的渐变，如图9-38所示；再次按Q键退出"快速蒙版"模式，即可将红色区域载入选区，如图9-39所示。

图9-38　　　　　　　　　　　　　图9-39

05 单击"图层"面板下方的"创建新的填充或调整图层"按钮 ，并选择"曲线"选项，在弹出的"属性"面板中进行设置，具体参数如图9-40所示，"图层"面板如图9-41所示。

06 继续单击"创建新的填充或调整图层"按钮 ，并选择"亮度/对比度"选项，具体参数如图9-42所示。调整后最终效果如图9-43所示。

图9-40　　　　　　　图9-41　　　　　　图9-42

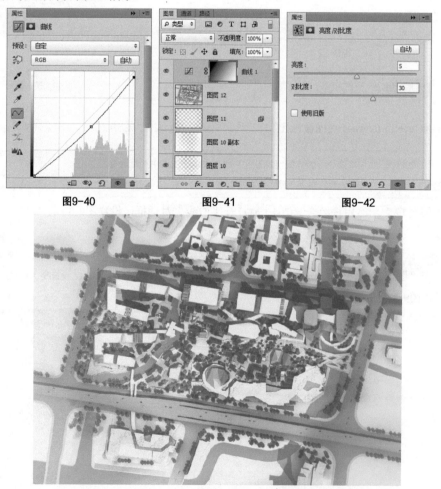

图9-43

9.2　室内总图的后期表现

素材位置	素材文件 >CH09> tga02、素材 02
实例位置	实例文件 >CH09> 室外总图的后期表现 .Psd
学习目标	掌握室外总图的后期表现

（扫码观看视频）

室内总图的后期表现效果。

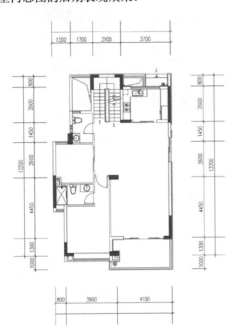
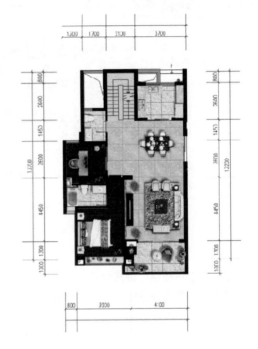

9.2.1　室内总图的介绍

　　户型的彩色平面图，也就是室内总图，是通过把CAD图像导出后在Photoshop中进行后期处理、润色得来。

　　打开本书学习资源"素材文件>CH09> tga02>总图.tga"文件，如图9-44所示。

TIPS

　　一般户型图中墙体为黑色，窗户为淡蓝色或水蓝色。

图9-44

9.2.2 填充墙体

01 使用"油漆桶"工具 🌑，在属性栏中勾选"连续的"和"所有图层"选项，如图9-45所示；接着新建一个空白图层，并将其命名为"墙"，如图9-46所示。

02 将"前景色"设置为黑色，然后使用"油漆桶"工具 🌑 填充墙体内部，效果如图9-47所示。

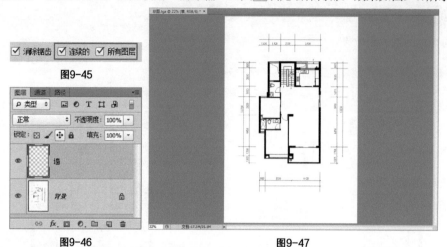

图9-45

图9-46

图9-47

9.2.3 填充窗户

01 新建一个空白图层，将其命名为"窗"，如图9-48所示。

02 设置"前景色"为蓝色，然后在窗的部分进行填充。填充后的效果如图9-49所示。

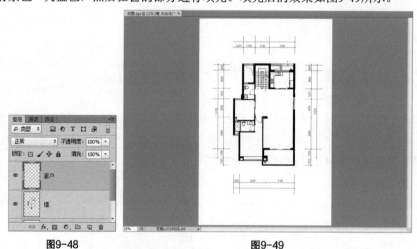

图9-48

图9-49

9.2.4 填充客厅地面

01 打开本书学习资源"素材文件>CH09>素材02>客厅铺地.jpg"文件，如图9-50所示。

02 执行"编辑>定义图案"菜单命令，然后在打开的"图案名称"对话框中设置其名称，如图9-51所示。

03 新建一个"图层1"，如图9-52所示，然后使用"矩形工具" ▣ 或"多边形套索工具" ☑ 勾画出图9-52所示的选区，接着执行"编辑>填充"菜单命令（或按组合键Shift+F5）填充任意颜色即可，这里选择蓝色。

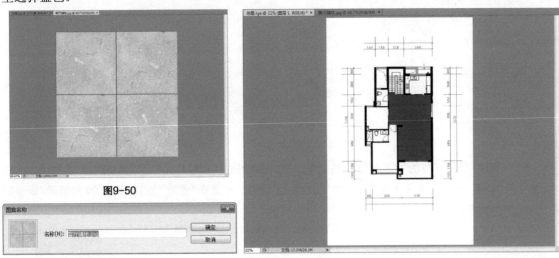

图9-50

图9-51

图9-52

04 单击"图层"面板下方的"图层样式"按钮 *fx*，然后在弹出的"图层样式"对话框中选择"图案叠加"选项；接着在"图案"选项中选择此前定义好的"客厅铺地"图案，并调节"缩放"为30%，如图9-53所示，调整后的效果如图9-54所示。

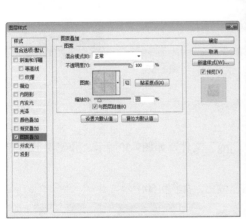

图9-53

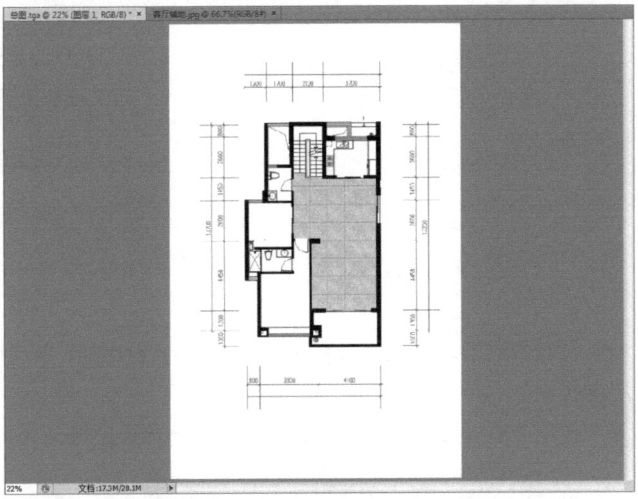

图9-54

9.2.5 填充卫生间、阳台、厨房地面

01 打开本书学习资源"素材文件>CH09>素材02>阳台铺砖.jpg"文件，如图9-55所示，并使用上述方法将其定义。

02 使用"矩形选框工具" ▣ 勾画出卫生间、阳台、厨房的铺地区域，并填充颜色，如图9-56所示。

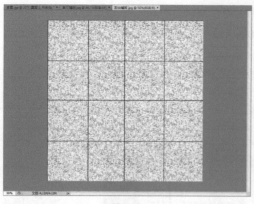

图9-55

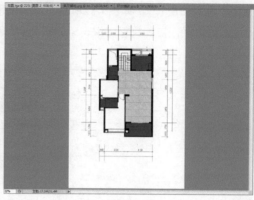

图9-56

03 单击"图层"面板下方的"图层样式"按钮 *fx.*，然后在弹出的"图层样式"对话框中选择"图案叠加"选项，接着在"图案"选项中选择此前定义好的"阳台铺地"图案，并调节"缩放"为30%，如图9-57所示。调整后的效果如图9-58所示。

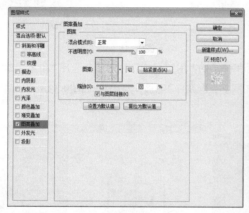

图9-57

图9-58

9.2.6 填充卧室地面

01 打开本书学习资源"素材文件>CH09>素材02>卧室铺地.jpg"文件，如图9-59所示，并使用上述方法将其定义。

02 使用"矩形选框工具" 勾画出卧室的铺地区域，并填充颜色，如图9-60所示。

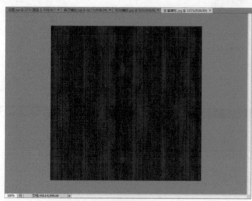

图9-59

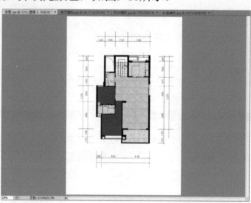

图9-60

03 单击"图层"面板下方的"图层样式"按钮 fx，然后在弹出的"图层样式"对话框中选择"图案叠加"选项；接着在"图案"选项中选择此前定义好的"卧室铺地"图案，并调节"缩放"为35%，如图9-61所示。调整后的效果如图9-62所示。

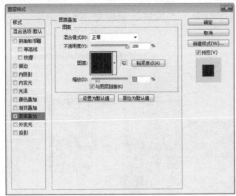

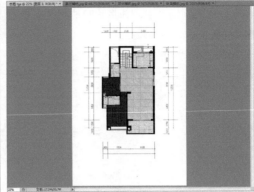

图9-61　　　　　　　　　　　　　　图9-62

9.2.7　填充楼梯

01 打开本书学习资源"素材文件>CH09>素材02>楼梯铺地.jpg"文件，如图9-63所示，并使用上述方法将其定义。

02 使用"矩形选框工具" 勾画出楼梯铺地区域并填充颜色，如图9-64所示。

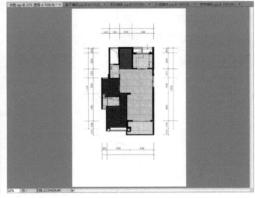

图9-63　　　　　　　　　　　　　　图9-64

03 单击"图层"面板下方的"图层样式"按钮 fx，然后在弹出的"图层样式"对话框中选择"图案叠加"选项；接着在"图案"选项中选择此前定义好的"楼梯铺地"图案，并调节"缩放"为100%，如图9-65所示。调整后的效果如图9-66所示。

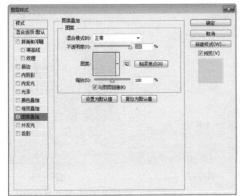

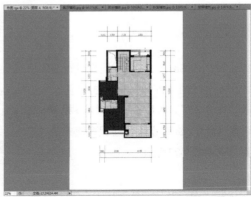

图9-65　　　　　　　　　　　　　　图9-66

9.2.8 家具配景的添加

01 下面开始摆放家具，打开本书学习资源"素材文件>CH09>素材02>配景.psd"文件，如图9-67所示。

02 将素材合成到场景中，并将其归纳到"配景"图层组中，"图层"面板如图9-68所示。合成后的效果如图9-69所示。

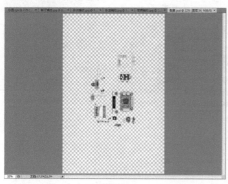

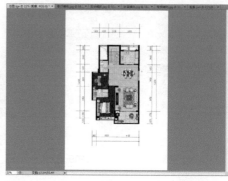

图9-67　　　　　　　　　　图9-68　　　　　　　　　　图9-69

03 下面为家具配景添加阴影。选择"配景"图层组，然后单击"图层"面板下方的"添加图层样式"按钮 fx；接着在弹出的"图层样式"对话框中选择"投影"选项，并设置具体参数，如图9-70所示，效果如图9-71所示。

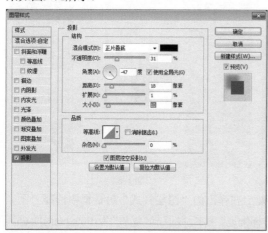
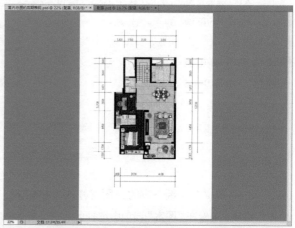

图9-70　　　　　　　　　　　　　　　　　　图9-71

9.2.9 图像的色彩调整

01 按组合键Ctrl+Shift+Alt+E对图像进行盖印操作，图9-72所示的"图层35"即是盖印的图层。

02 选择"图层35"，然后执行"滤镜>模糊>高斯模糊"菜单命令，接着设置图层混合模式为"柔光"，具体参数如图9-73所示。

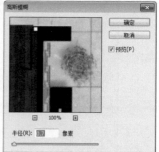

图9-72　　　　　　　　　　图9-73

03 继续选择"图层35"，然后按组合键Ctrl+M，打开"曲线"对话框，具体参数如图9-74所示。

04 按组合键Ctrl+B，打开"色彩平衡"对话框，具体参数如图9-75所示。调整后的效果如图9-76所示。

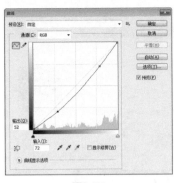

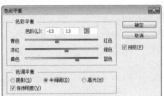

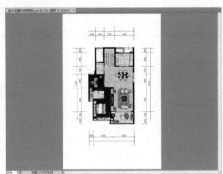

图9-74 图9-75 图9-76

05 单击"图层"面板下方的"创建新的填充或调整图层"按钮
🔘；然后选择"亮度/对比度"选项进行设置，具体参数如图9-77
所示。调整后的最终效果如图9-78所示。

图9-77 图9-78

课后练习——室内总图后期制作1

素材位置	素材文件 >CH09>tga03、素材 03
实例位置	实例文件 >CH09> 室外总图后期制作 .Psd
学习目标	练习室外总图后期制作

（扫码观看视频）

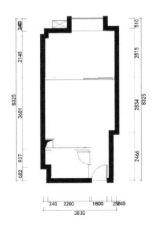

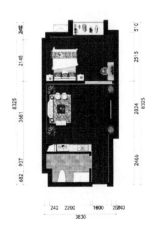

课后练习——室内总图后期制作2

素材位置	素材文件 >CH09>tga04、素材 04
实例位置	实例文件 >CH09> 室内总图后期制作 .Psd
学习目标	练习室内总图后期制作

（扫码观看视频）

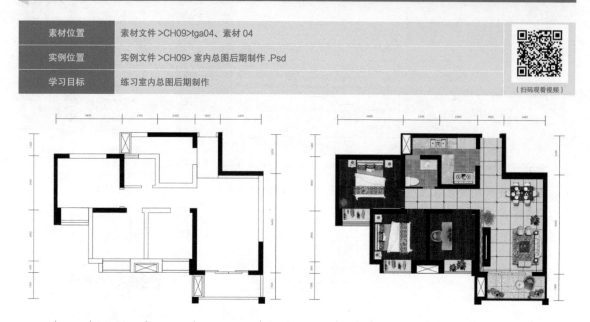

10

室内效果图后期制作

本章主要讲解室内效果图后期修改技术，包括室内效果图的日景和夜景效果修改，通过实例的学习，读者可以掌握室内效果图的修改技巧。

本章学习要点：

- 掌握室内日景效果后期处理技巧
- 掌握室内夜景效果后期处理技巧

10.1 室内日景效果后期表现

素材位置	素材文件 >CH10> 素材 01
实例位置	实例文件 >CH10> 室内日景效果后期表现 .Psd
学习目标	掌握室内日景效果的后期表现

（扫码观看视频）

室内日景效果的后期表现效果。

10.1.1 叠加AO图层

01 打开本书学习资源"素材文件>CH10>素材01>01.tga"文件，如图10-1所示。可以观察到，该图像曝光不足，画面对比度低，整体偏灰。下面介绍该效果的操作步骤。

02 打开本书学习资源"素材文件>CH10>素材01>02.tga"文件，如图10-2所示。

03 选中该图层，然后切换到"通道"面板，接着按Ctrl键选择Alpha1通道，再回到"图层"面板，最后删除窗外部分，如图10-3所示。

图10-1

图10-2

图10-3

04 将图层的混合模式设置为"柔光"，然后设置"不透明度"为60%，参数如图10-4所示，效果如图10-5所示。

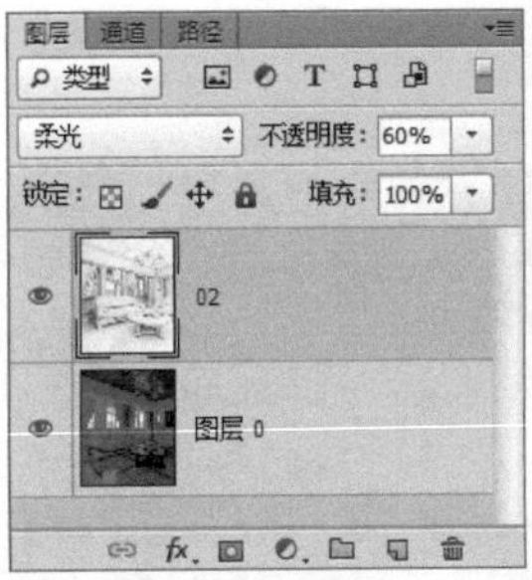

图10-4

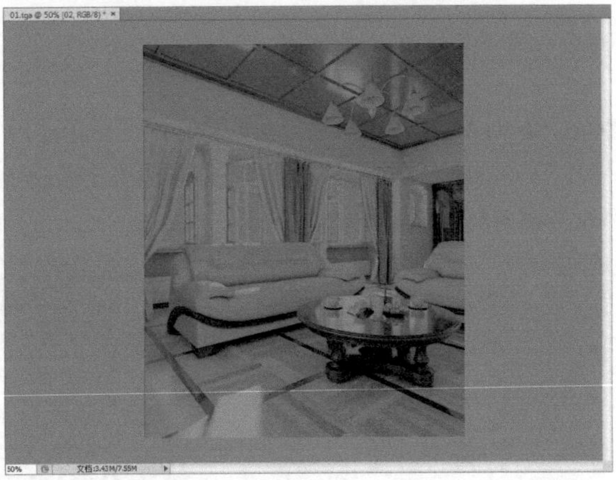

图10-5

10.1.2 添加外景

01 打开本书学习资源“素材文件>CH10>素材01>04.jpg”文件，如图10-6所示。

02 选中“背景”图层解锁，然后切换到“通道”面板，接着按Ctrl键选择Alpha1通道，再回到“图层”面板，最后删除窗外部分，如图10-7所示。

图10-6

图10-7

03 将04图层置于最底层，然后按组合键Ctrl+T，调整外景图片的位置和角度，如图10-8所示，效果如图10-9所示。

图10-8

图10-9

10.1.3　图像整体色彩的调整

01 按组合键Ctrl+Shift+Alt+E对图像进行盖印操作，即图10-10中所示的"图层1"。

02 选中"图层1"，单击"创建新的填充或调整图层"按钮 ⊘，并选择"亮度/对比度"选项，具体参数如图10-11所示，调整后效果如图10-12所示。

图10-10　　　　　　　图10-11　　　　　　　　　　图10-12

03 选中"图层1"，单击"创建新的填充或调整图层"按钮 ⊘，选择"色阶"选项，具体参数如图10-13所示，调整后效果如图10-14所示。

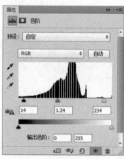

图10-13　　　　　　　　　　　　　图10-14

04 选中"图层1"，单击"创建新的填充或调整图层"按钮 ⊘，选择"色彩平衡"选项，具体参数如图10-15所示，调整后效果如图10-16所示。

图10-15　　　　　　　　　　　　图10-16

10.1.4 顶部木质的调整

01 顶部木质吊顶材质反射过强，需要局部调整。打开本书学习资源"素材文件>CH10>素材01>03.jpg"文件，如图10-17所示。

02 用图层03选取木质吊顶，效果如图10-18所示。

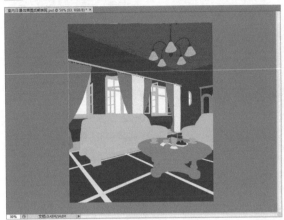

图10-17

图10-18

03 选中"图层1"图层，然后按组合键Ctrl＋J复制，如图10-19所示。

04 选中"图层2"，单击"创建新的填充或调整图层"按钮 ⊙，选择"色阶"选项，然后单击下方的"此调整剪切到此图层"按钮 ⬇，具体参数如图10-20所示，调整后效果如图10-21所示。

图10-19

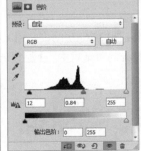

图10-20

图10-21

> **TIPS** 不单击"此调整剪切到此图层"按钮 ⬇ 时，所做的调整对下方所有图层都有影响，单击该按钮，则仅对指定图层有影响。

10.1.5 沙发的调整

01 增加沙发的质感。用图层03选取沙发，效果如图10-22所示。

02 选中"图层1"图层，然后按组合键Ctrl+J复制，如图10-23所示。

03 选中"图层3"，单击"创建新的填充或调整图层"按钮 ⚫，选择"色阶"选项，然后单击下方的"此调整剪切到此图层"按钮 ⚓，具体参数如图10-24所示，调整后效果如图10-25所示。

图10-22

图10-23   图10-24   图10-25

10.1.6 景深的制作

01 按组合键Ctrl+Shift+Alt+E对图像再次进行盖印操作，图10-26中所示的"图层4"即是盖印的图层。

02 执行"滤镜>模糊>场景模糊"菜单命令，然后在打开的对话框中，设置"场景模糊"的数值，从左至右依次为"8像素""3像素""0像素""10像素"和"15像素"，设置位置及参数如图10-27所示。

图10-26

图10-27

03 单击"确定"按钮，效果如图10-28所示。

图10-28

10.1.7 边框氛围的制作

01 新建一个"图层5"，选中"图层5"，然后使用"矩形选框"工具，并设置羽化为100像素，最后框选整个画面，如图10-29所示。

图10-29

02 设置"前景色"为黑色，然后按组合键Ctrl＋Shift＋I反选，效果如图10-30所示；接着填充前景色，效果如图10-31所示。

图10-30

图10-31

03 按组合键Ctrl＋D取消选区，然后按组合键Ctrl＋J将黑色边框复制一层，最终效果如图10-32所示。

TIPS 给效果图添加黑色边框，可以很好地突出效果图氛围，使人的焦点自动注视到画面需要表现的物体上。

图10-32

10.2 室内夜景效果后期表现

素材位置	素材文件 >CH10> 素材 02
实例位置	实例文件 >CH10> 室内夜景效果后期表现 .Psd
学习目标	掌握室外总图的后期表现

（扫码观看视频）

室内夜景后期表现效果。

10.2.1 叠加AO图层

01 打开本书学习资源"素材文件>CH10>素材02>01.tga"文件，如图10-33所示。可以观察到，该图像对比度低，整体偏灰。下面介绍该效果的操作步骤。

02 打开本书学习资源"素材文件>CH10>素材02>02.tga"文件，如图10-34所示。

图10-33

图10-34

03 选择02图层，然后设置混合模式为"柔光"，并设置"不透明度"为30%，如图10-35所示，效果如图10-36所示。

图10-36

图10-35

10.2.2 图像整体色调的调整

01 按组合键Ctrl+Shift+Alt+E对图像进行盖印操作，即图10-37中所示的"图层1"。

02 选中"图层1"，单击"创建新的填充或调整图层"按钮 ，并选择"亮度/对比度"选项，具体参数如图10-38所示，调整后效果如图10-39所示。

图10-37

图10-38

图10-39

03 选中"图层1"，单击"创建新的填充或调整图层"按钮 ，并选择"色阶"选项，具体参数如图10-40所示，调整后效果如图10-41所示。

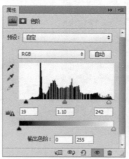

图10-40　　　　　　　　　　　　　　　　図10-41

04 选中"图层1"，单击"创建新的填充或调整图层"按钮 ，并选择"色彩平衡"选项，具体参数如图10-42所示，调整后效果如图10-43所示。

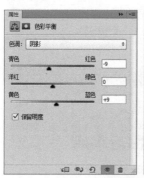 

图10-42　　　　　　　　　　　　　　　　图10-43

10.2.3 沙发颜色的调整

01 打开本书学习资源"素材文件>CH10>素材02>03.jpg"文件，如图10-44所示。

02 用图层03选取沙发，效果如图10-45所示。

03 选中"图层1"，然后按组合键Ctrl＋J复制，如图10-46所示。

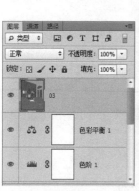

图10-44　　　　　　　　　　図10-45　　　　　　　　　　　　图10-46

04 选中"图层2"，单击"创建新的填充或调整图层"按钮 ，并选择"色相/饱和度"选项，然后单击下方的"此调整剪切到此图层"按钮 ，具体参数如图10-47所示，调整后效果如图10-48所示。

图10-47

图10-48

05 选中"图层2"，单击"创建新的填充或调整图层"按钮 ，并选择"色阶"选项，然后单击下方的"此调整剪切到此图层"按钮 ，具体参数如图10-49所示，调整后效果如图10-50所示。

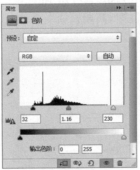

图10-49

图10-50

10.2.4 地面材质的调整

01 用图层03选取地面，效果如图10-51所示。

02 选中"图层1"，然后按组合键Ctrl＋J复制，如图10-52所示。

图10-51

图10-52

03 选中"图层3"，单击"创建新的填充或调整图层"按钮 ◎，并选择"色阶"选项，然后单击下方的"此调整剪切到此图层"按钮 ↓□，具体参数如图10-53所示，调整后效果如图10-54所示。

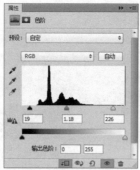

图10-53

图10-54

10.2.5 光效的制作

01 按组合键Ctrl+Shift+Alt+E再次对图像进行盖印操作，图10-55中所示的"图层4"即是盖印的图层。

02 按组合键Ctrl＋J复制一层，然后执行"滤镜>模糊>高斯模糊"菜单命令，设置参数如图10-56所示，效果如图10-57所示。

图10-55

图10-56

图10-57

03 设置"图层4副本"图层的混合模式为"柔光"，并设置"不透明度"为50%，如图10-58所示，效果如图10-59所示。

图10-58

图10-59

10.2.6 氛围的制作

01 使用"多边形套索工具",并设置"羽化值"为100像素,接着选出图10-60所示的区域。

02 按组合键Ctrl+J将选区复制一层,如图10-61所示。

图10-60 图10-61

03 选中"图层5",然后单击"创建新的填充或调整图层"按钮，并选择"亮度/对比度"选项，具体参数如图10-62所示，调整后效果如图10-63所示。

图10-62 图10-63

 TIPS 这里进行"色彩平衡"调整,是为了突出画面中心,使画面的冷暖对比更强烈。

04 新建一个"图层6",然后选中"图层6",接着使用"矩形选框"工具,并设置羽化为100像素,最后框选整个画面,如图10-64所示。

05 设置"前景色"为黑色,然后按组合键Ctrl+Shift+I反选,效果如图10-65所示;接着填充前景色,效果如图10-66所示。

图10-64 图10-65 图10-66

06 按组合键Ctrl＋D取消选区，然后按组合键Ctrl＋J将黑色边框复制一层，最终效果如图10-67所示。

图10-67

课后练习——室内日景后期制作

素材位置	素材文件 >CH10> 素材 03	
实例位置	实例文件 >CH10> 室内日景后期制作 .Psd	
学习目标	练习室内日景后期制作	（扫码观看视频）

课后练习——室内夜景后期制作

素材位置	素材文件 >CH10> 素材 04	
实例位置	实例文件 >CH10> 室内夜景后期制作 .Psd	
学习目标	练习室内夜景后期制作	（扫码观看视频）

11

室外效果图后期制作

本章主要讲解室外效果图后期修改技术，包括景观类建筑、住宅类建筑、商业类建筑和鸟瞰类建筑的后期表现。读者根据这4个实例，可以掌握室外效果图后期的制作方法。

本章学习要点：

- 掌握景观类建筑效果处理技巧
- 掌握住宅类建筑效果处理技巧
- 掌握商业类建筑效果处理技巧
- 掌握鸟瞰类建筑后期处理技巧

11.1 商业街景观的后期表现

素材位置	素材文件 >CH11> 素材 01
实例位置	实例文件 >CH11> 商业街景观的后期表现 .Psd
学习目标	掌握商业街景观的后期表现的制作方法

（扫码观看视频）

11.1.1 合成通道及大图文件

打开本书学习资源"素材文件>CH11>素材01"文件夹，然后将通道及大图文件合并到一个Psd文件中，"图层"面板如图11-1所示，合成后的效果如图11-2所示。合成时注意各图层的顺序。

图11-1

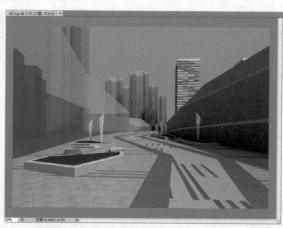

图11-2

TIPS

一般合成大图和通道文件时，会把大图文件复制一层放在图层面板的最上方，以便随时调用，如图11-1中的"大图"和"大图 副本"。

11.1.2 更换天空

01 选择"大图 副本"图层，然后切换到"通道"面板，选取Alpha通道，载入选区，如图11-3所示。

02 删除选择的天空区域，如图11-4所示；然后打开本书学习资源"素材文件>CH11>素材01>01.jpg"文件；接着置于"大图 副本"图层下方，并调整位置，如图11-5所示，效果如图11-6所示。

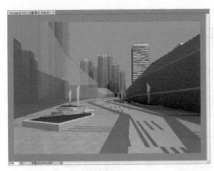

图11-3　　　　　　　　　　　图11-4

图11-5　　　　　　　　　　　图11-6

11.1.3 体块虚化处理

1.远景体块虚化处理

01 选中远景的建筑体块部分，如图11-7所示；然后选择"大图 副本"图层，并按组合键Ctrl+J复制出"图层1"，如图11-8所示。

图11-7　　　　　　　　　　　图11-8

02 选择"图层1"，然后按组合键Ctrl+M打开"曲线"对话框，具体参数如图11-9所示。

03 按组合键Ctrl＋B打开"色彩平衡"对话框，具体参数如图11-10所示。

04 按组合键Ctrl＋L打开"色阶"对话框，具体参数如图11-11所示。

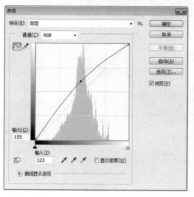
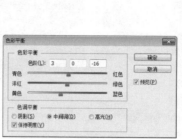
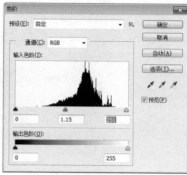

图11-9 　　　　　　　　　　　　　图11-10 　　　　　　　　　　　　　图11-11

05 为"图层1"添加一个图层蒙版，并在蒙版中拉出一个从下到上的渐变，如图11-12所示，这样就能使体块上层稍微透明一些。处理后的效果如图11-13所示。

图11-12 　　　　　　　　　　　　　图11-13

2.近景体块虚化处理

01 选中近景体块部分，如图11-14所示；然后选择"大图 副本"并按组合键Ctrl+J复制出"图层2"，如图11-15所示。

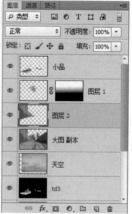

图11-14 　　　　　　　　　　　　　图11-15

02 选择"图层2"，然后按组合键Ctrl＋L，打开"色阶"对话框，具体参数如图11-16所示。

03 按组合键Ctrl＋B打开"色彩平衡"对话框，具体参数如图11-17所示。调整后的效果如图11-18所示。

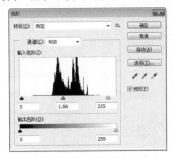

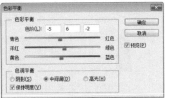

图11-16　　　　　　　　　图11-17

图11-18

TIPS　　　虚化处理可以将建筑体块部分稍微弱化，使其更好地与场景融合在一起。

11.1.4 墙面材质的调整

01 选中墙面部分，如图11-19
所示；然后选中"大图 副本"
图层，并按组合键Ctrl+J复制出
"图层3"，如图11-20所示。

图11-19

图11-20

02 选中"图层3"。然后按组合键Ctrl＋L打开"色阶"对话框，具体参数如图11-21所示。

03 按组合键Ctrl＋B打开"色彩平衡"对话框，具体参数如图11-22所示。调整后的效果如图11-23所示。可以观察到，墙缝不是很明显，需要对其进行调整。

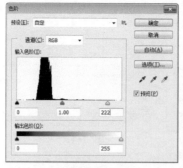

图11-21   图11-22

图11-23

04 选中墙面分缝材质，如图11-24所示，然后选择"大图 副本"图层，并按组合键Ctrl+J复制出"图层4"，如图11-25所示。

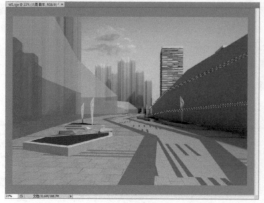

图11-24   图11-25

05 选中"图层4"，然后按组合键Ctrl＋L打开"色阶"对话框，具体参数如图11-26所示。效果如图11-27所示。

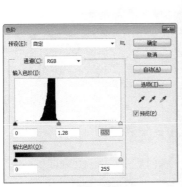

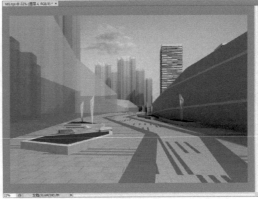

图11-26 图11-27

11.1.5 地面材质的调整

1.浅黄色地面调整

01 通过td1图层选中地面浅黄色材质，如图11-28所示，然后选择"大图 副本"图层，并按组合键Ctrl+J复制出"图层5"，如图11-29所示。

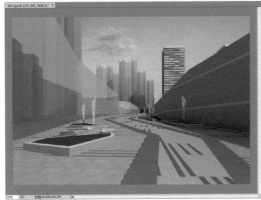

图11-28 图11-29

02 选中"图层5"，然后按组合键Ctrl＋L打开"色阶"对话框，具体参数如图11-30所示。

03 按组合键Ctrl＋B打开"色彩平衡"对话框，具体参数如图11-31所示，修改后效果如图11-32所示。

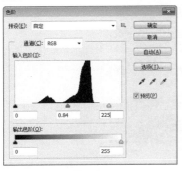

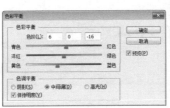

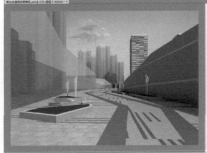

图11-30 图11-31 图11-32

2.灰色地面调整

01 通过td1图层选中地面灰色材质，如图11-33所示，然后选择"大图 副本"图层，并按组合键Ctrl+J复制出"图层6"，如图11-34所示。

图11-33　　　　　　　　　　　　　　　　　图11-34

02 选中"图层6"，然后按组合键Ctrl＋L打开"色阶"对话框，具体参数如图11-35所示。

03 按组合键Ctrl＋B打开"色彩平衡"对话框，具体参数如图11-36所示，修改后效果如图11-37所示。

 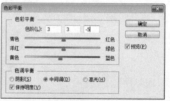

图11-35　　　　　　　　　　　　　　　　　图11-36

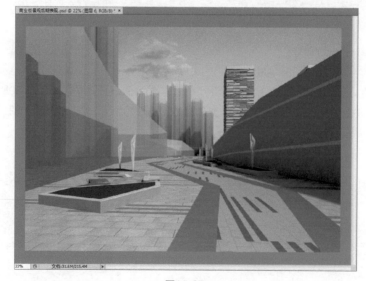

图11-37

3.黄色地面调整

01 通过td1图层选中地面黄色材质，如图11-38所示，然后选择"大图 副本"图层，并按组合键Ctrl+J复制出"图层7"，如图11-39所示。

02 选中"图层7"，然后按组合键Ctrl＋U打开"色相/饱和度"对话框，具体参数如图11-40所示。

图11-38

图11-39

图11-40

03 由于黄色地面中的深色条偏暗,下面对其进行调整。用"魔棒"工具，选出深色材质，如图11-41所示。

04 选中"图层7"，然后按组合键Ctrl+J复制出"图层8"，如图11-42所示；接着更改"图层8"的混合模式为"滤色"，如图11-43所示，最后合并"图层7"和"图层8"。

图11-41

图11-42

图11-43

05 选中合并后的"图层7"，然后按组合键Ctrl＋U打开"色相/饱和度"对话框，具体参数如图11-44所示，调整后效果如图11-45所示。

图11-44

图11-45

11.1.6 小品材质的调整

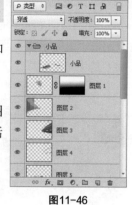

图11-46

01 新建一个图层组，置于顶端，并命名为"小品"，然后将"小品"图层放入组中，如图11-46所示。

02 通过td3图层选中小品白色部分，如图11-47所示；然后选择"小品"图层，并按组合键Ctrl+J复制出"图层8"，如图11-48所示。接着选中复制出的新图层，再执行"图像>调整>亮度/对比度"菜单命令，打开"亮度/对比度"对话框，具体参数如图11-49所示。

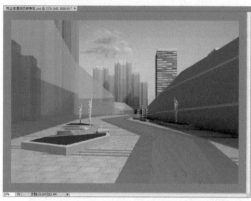

图11-47

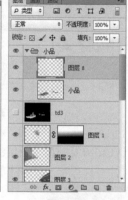

图11-48

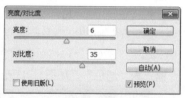

图11-49

03 按组合键Ctrl＋B打开"色彩平衡"对话框，具体参数如图11-50所示，修改后效果如图11-51所示。

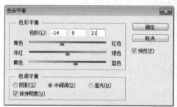

图11-50

图11-51

04 通过td3图层选中小品黄色部分，如图11-52所示；然后选择"小品"图层，并按组合键Ctrl+J复制出"图层9"；接着选中复制出的新图层，按组合键Ctrl+L打开"色阶"对话框，具体参数如图11-53所示。

图11-52

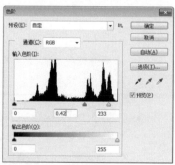

图11-53

05 按组合键Ctrl＋U打开"色相/饱和度"对话框，具体参数如图11-54所示，修改后效果如图11-55所示。

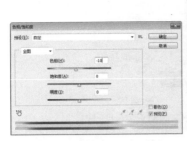
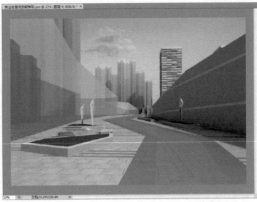

图11-54   图11-55

06 通过td3图层选中小品蓝色部分，如图11-56所示；然后选择"小品"图层，并按组合键Ctrl+J复制出"图层10"；接着选中复制出的新图层，按组合键Ctrl+L打开"色阶"对话框，具体参数如图11-57所示。

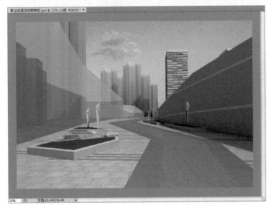
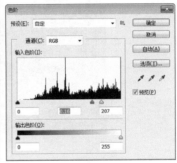

图11-56   图11-57

07 按组合键Ctrl＋U打开"色相/饱和度"对话框，具体参数设置如图11-58所示，修改后效果如图11-59所示。

08 将复制出的"图层8""图层9"和"图层10"3个图层合并，并按组合键Ctrl＋J复制一层合并后的"图层8"，如图11-60所示。

图11-58   图11-59   图11-60

09 选中"图层8 副本"，然后执行"滤镜>模糊>高斯模糊"菜单命令，接着设置"半径"为35像素，如图11-61所示。

10 修改"图层8 副本"的混合模式为"滤色"，如图11-62所示，修改后效果如图11-63所示。

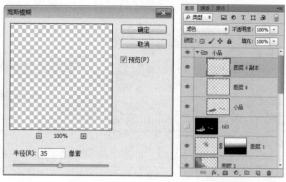

图11-61　　　　　　　　　　图11-62

图11-63

11.1.7 调整花坛材质

01 通过td3图层选中花坛部分，如图11-64所示；然后选择"小品"图层，并按组合键Ctrl+J进行复制；接着选中复制出的图层，按组合键 Ctrl+L打开"色阶"对话框，具体参数如图11-65所示。

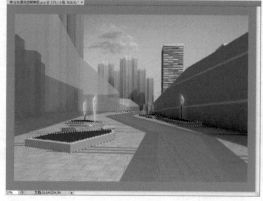

图11-64

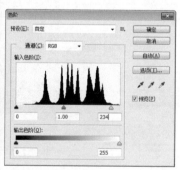

图11-65

02 选中"图层9"，然后按组合键 Ctrl+B打开"色彩平衡"对话框，具体参数如图11-66所示，修改后的效果如图11-67所示。

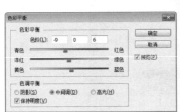

图11-66

图11-67

11.1.8 花坛草地合成

01 通过颜色通道选中花坛部分，如图11-68所示，然后选择"小品"图层，并按组合键Ctrl+J复制出"图层10"。

02 打开本书学习资源"素材文件>CH11>素材01>草地.jpg"文件，将其置于"图层10"上方，使其成为"图层10"的剪切蒙版，面板如图11-69所示，效果如图11-70所示。

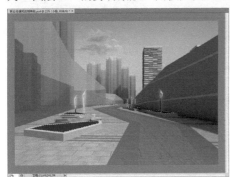

图11-68

图11-69

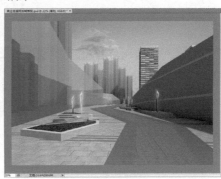

图11-70

03 选中"草地"图层，然后按组合键Ctrl+M打开"曲线"对话框，具体参数如图11-71所示。

04 按组合键Ctrl+U打开"色相/饱和度"对话框，具体参数设置如图11-72所示，调整后效果如图11-73所示。

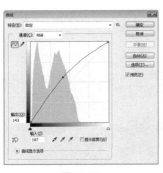

图11-71

图11-72

图11-73

11.1.9 配景合成

01 打开本书学习资源"素材文件>CH11>素材01>配景.psd"文件，如图11-74所示；然后将其合成到场景中，如图11-75所示。

02 打开本书学习资源"素材文件>CH11>素材01>气球.png"文件，然后将其合成到场景中，如图11-76所示。

图11-74

图11-75

图11-76

11.1.10 图像整体色彩的调整

01 新建"图层11"，并置于图层面板最顶端，然后使用"渐变"工具，设置渐变色为蓝灰色到透明的渐变，渐变方向为从下到上，如图11-77所示；最后更改图层的混合模式为"正片叠底"，如图11-78所示。

图11-77

图11-78

02 按组合键Ctrl＋Shift＋Alt＋E盖印图层，然后用"多边形套索"工具，勾选出图11-79所示的区域，并设置羽化为500像素，最后按组合键Ctrl＋J复制出"图层13"，如图11-80所示。

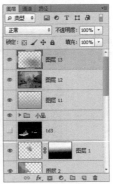

图11-79   图11-80

03 选中复制出的"图层13"，然后按组合键Ctrl＋L打开"色阶"对话框，设置图11-81所示的参数。

04 按组合键Ctrl＋B打开"色相平衡"对话框，设置图11-82所示的参数。

05 合并"图层13"和"图层12"，然后将合并后的"图层12"复制一层，选中复制出的"图层12副本"图层，执行"滤镜>模糊>高斯模糊"菜单命令，在弹出的窗口中设置"半径"为30像素，如图11-83所示。

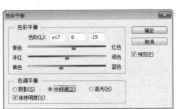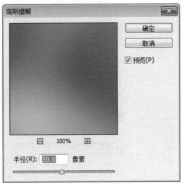

图11-81   图11-82   图11-83

06 设置"图层12副本"的混合模式为"滤色"，并设置"不透明度"为30%，如图11-84所示，效果如图11-85所示。

图11-84   图11-85

07 新建"图层13"，然后填充为黑色，接着执行"滤镜>渲染>镜头光晕"菜单命令，设置的参数如图11-86所示，效果如图11-87所示；再设置图层的混合模式为"滤色"，效果如图11-88所示。

图11-86　　　　　　　　图11-87　　　　　　　　　　　图11-88

08 单击"图层"面板下方的"创建新的填充或调整图层"按钮，选择"自然饱和度"选项，在弹出的"属性"面板中进行设置，具体参数如图11-89所示。继续单击"创建新的填充或调整图层"按钮，选择"可选颜色"选项并进行设置，具体参数如图11-90所示。最终效果如图11-91所示。

图11-89　　　　　　　　图11-90　　　　　　　　　图11-91

11.2　住宅日景效果后期表现

素材位置	素材文件 >CH11> 素材 02
实例位置	实例文件 >CH11> 住宅日景效果后期表现 .Psd
学习目标	掌握住宅日景效果后期表现

（扫码观看视频）

11.2.1 合成通道图

打开本书学习资源"素材文件>CH11>素材02"文件夹，然后将通道及大图文件合并到一个Psd文件中，"图层"面板如图11-92所示，合成后的效果如图11-93所示。合成时注意各图层的顺序。

图11-92　　　　　　　　　　　图11-93

11.2.2 更换天空

01 打开本书学习资源"素材文件>CH11>素材02>天空.jpg"文件，然后置于"背景副本"图层下，如图11-94所示。

02 选中"背景副本"图层，然后切换到"通道"面板，选取Alpha通道，删除天空部分，接着调整"天空"图层的位置，效果如图11-95所示。

图11-94　　　　　　　　　　　图11-95

11.2.3 创建远景组虚化配楼

01 用"魔棒"工具 ，在"图层2"上选取后方两栋配楼的黄色选区，然后回到"背景副本"图层，按组合键Ctrl+Shift+J剪切并复制出"图层6"，如图11-96所示。

02 新建一个图层组，然后将"图层6"置于组内，最后给这个组命名为"远景"，如图11-97所示。

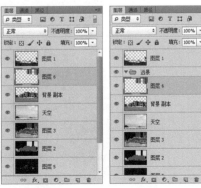

图11-96　　　　　図11-97

03 为"图层6"添加一个图层蒙版，然后使用"渐变工具"  拉出一个从上到下、从黑到透明的渐变。此时后边两座住宅楼会出现一个从上到下、由虚到实的渐变，效果如图11-98所示。

图11-98

04 选中"图层6"的蒙版，然后按组合键Ctrl＋L打开"色阶"对话框，设置参数如图11-99所示，调整后的效果如图11-100所示。此时可以观察到，配楼的顶部不会过于透明。

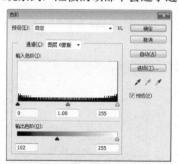

图11-99

图11-100

11.2.4　远景树木配景的添加

01 打开本书学习资源"素材文件>CH11>素材02>树.png"文件，置于"配景"图层组中，并移动至如图11-101所示的位置。

图11-101

02 通过观察，发现树的颜色饱和度过高，与画面不协调。按快捷键Ctrl＋U打开"色相/饱和度"对话框，设置图11-102所示的参数，效果如图11-103所示。

图11-102　　　　　　　　图11-103

03 依照上述的方法，将"树2.png"和"树3.png"两个素材置于图11-104所示的位置。

TIPS　在摆放配景树时，一定要注意植物搭配要高低错落，这样可以体现空间的层次感。为了使树退得更远而显得图面更有层次感，我们可以将素材的颜色、饱和度及明度都调整得与远景天空相接近。可以直接吸取天空的颜色进行涂抹，也可以直接用带透明度的橡皮擦稍微擦掉一些树梢。

图11-104

11.2.5 马路的调整

01 在"图层3"选中马路的选区，然后回到"背景 副本"图层，并复制出"图层7"，如图11-105所示。

02 按组合键Ctrl＋U打开"色相/饱和度"对话框，设置图11-106所示的参数。效果如图11-107所示。

图11-105

图11-106

图11-107

TIPS 在实际作图或调整图片时，一般从大面积的物体入手。色彩、明度一定要和整张图面相协调。

11.2.6 建筑的调整

1.建立图层组

01 在"图层2"中，用"魔棒"工具选取红色建筑部分，然后回到"背景 副本"图层，按组合键Ctrl＋J复制出"图层8"，并移动到"图层1"下，如图11-108所示。

02 按组合键Ctrl＋G创建一个图层组，并命名为"建筑"，如图11-109所示。

图11-108

图11-109

2.调整红色砖墙

01 选中"图层3"，使用"魔棒"工具，选取砖墙部分，然后回到"图层8"，按组合键Ctrl＋J复制出"图层9"，接着选中复制出的"图层9"，按组合键Ctrl＋L打开"色阶"对话框，参数设置如图11-110所示。

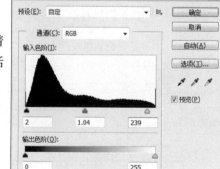
图11-110

02 按组合键Ctrl＋B打开"色彩平衡"对话框，然后设置图11-111所示的参数，效果如图11-112所示。

图11-111

图11-112

3.调整黄色石材

01 选中"图层3"，使用"魔棒"工具 ，选取黄色石材部分，然后回到"图层8"，按组合键Ctrl＋J复制出"图层10"，接着选中复制出的"图层10"，按组合键Ctrl＋L打开"色阶"对话框，参数设置如图11-113所示。

02 按组合键Ctrl＋U打开"色相/饱和度"对话框，参数设置如图11-114所示。

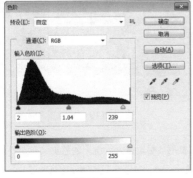

图11-113　　　　　　　　　　　图11-114

03 执行"图像>调整>亮度/对比度"菜单命令，然后在弹出的对话框中，设置图11-115所示的参数。调整后的效果如图11-116所示。

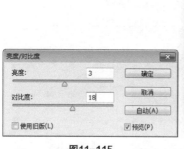

图11-115

图11-116

04 通过观察，可以发现图11-116所示红框中的黄色石材颜色太暗，需要提亮。因此，用"多边形套索"工具选取该区域，然后按组合键Ctrl＋L打开"色阶"对话框，设置图11-117所示的参数。

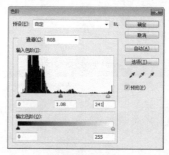

图11-117

05 按组合键Ctrl＋B打开"色彩平衡"对话框，设置图11-118所示的参数。修改后效果如图11-119所示。

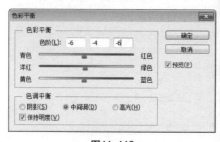

图11-118

图11-119

TIPS 　同一个材质，无论是在暗面还是在亮面，其颜色和明度不会相差很大，给人的感觉只有明暗区分，材质不变。后期调图时，会经常遇到这样的情况，亮面很亮、暗面很暗，过于强烈的对比使材质没有光感、不够通透。好的光感是无论对比多强烈，各部分还是有光的感觉，且画面中没有死黑的部分。

11.2.7　楼梯的调整

01 通过观察，可以发现，右下角的红色楼梯过于显眼，接下来对楼梯进行调整。在"图层3"中使用"魔棒"工具，选取楼梯部分，然后回到"图层8"，按组合键Ctrl+J复制出"图层11"，如图11-120所示。

02 选中复制出的"图层11"，按组合键Ctrl+U打开"色相/饱和度"对话框，参数设置如图11-121所示。修改后的效果如图11-122所示。

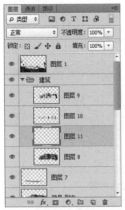

图11-120　　　　　　　　　　图11-121　　　　　　　　　　图11-122

11.2.8　屋顶的调整

01 选择"图层3"并通过"魔棒"工具选中屋顶部分，然后选择"图层8"，按组合键Ctrl+J复制出"图层12"，如图11-123所示。

02 选中复制出的"图层12"，然后按组合键Ctrl+L打开"色阶"对话框，参数设置如图11-124所示。

03 按组合键Ctrl+B打开"色彩平衡"对话框，参数设置如图11-125所示。修改后的效果如图11-126所示。

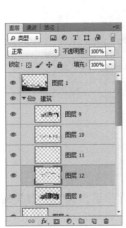
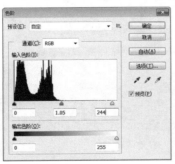
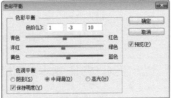

图11-123　　　　　　　　　　图11-125　　　　　　　　　　图11-126

图11-124

04 接下来修改屋顶瓦片部分。同样选择"图层3"并通过"魔棒"工具 🔍 选中屋顶部分，然后选择"图层8"，按组合键Ctrl+J复制出"图层13"，如图11-127所示。

05 选中复制出的"图层13"，然后按组合键Ctrl+L打开"色阶"对话框，参数设置如图11-128所示。

06 按组合键Ctrl+B打开"色彩平衡"对话框，参数设置如图11-129所示。修改后的效果如图11-130所示。

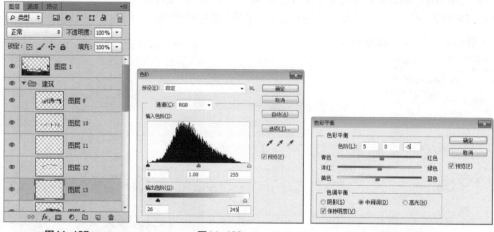

图11-127 　　　　　　　　图11-128 　　　　　　　　图11-129

图11-130

11.2.9 玻璃的调整及内透的叠加

01 选择"图层5"中的红色通道，载入选区，然后回到"背景 副本"图层，按组合键Ctrl+J复制出"图层14"，如图11-131所示。

02 将复制出的"图层14"置于"图层1"下，然后按组合键Ctrl＋G建立一个图层组，并命名为"玻璃"，如图11-132所示。

03 打开本书学习资源"素材文件>CH11>素材02>玻璃1.jpg"和"素材文件>CH11>素材02>玻璃2.jpg"文件，并放入"玻璃"组中，调整位置后的效果如图11-133所示。

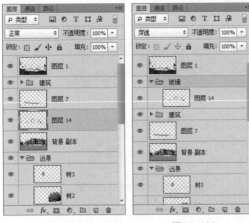

图11-131　　　　　图11-132　　　　　　　　　图11-133

04 打开本书学习资源"素材文件>CH11>素材02>窗帘.png"文件，并放入"玻璃"组中，调整位置后的效果如图11-134所示。

图11-134

TIPS　　　放置窗帘素材，注意放置时要有所区别，不用每个窗户都添加窗帘。

11.2.10 配景素材的添加

01 新建一个图层组，命名为"配景"，并将"图层1"添加到该组中，如图11-135所示。

02 打开本书学习资源中的"素材文件>CH11>素材02>素材合集.psd"文件，将该文件中的配景植物导入该组中，效果如图11-136所示。

图11-135

图11-136

03 通过观察可以发现，绿篱上的植物顺序错误。选中"图层4"，载入绿篱的选区，然后选中"图层1"按组合键Ctrl＋J复制一层，并移动其图层位置，修改后效果如图11-137所示。

图11-137

11.2.11 人物素材的添加

01 把"素材合集.psd"文件中的人物放到图11-138所示的位置，注意人物的光影及图层的前后顺序。

02 把"素材合集.psd"文件中的光晕放到图11-139所示的位置，注意图层的前后位置。

图11-138   图11-139

03 把"素材合集.psd"文件中的阴影合成到图中,并设置图层混合模式为"正片叠底",效果如图11-140所示。

图11-140

11.2.12 图像整体色彩调整

01 按组合键Ctrl+Shift+Alt+E盖印图层,然后按组合键Ctrl+M打开"曲线"对话框,参数设置如图11-141所示。

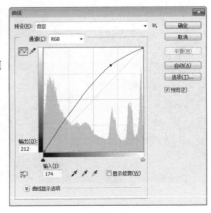

图11-141

02 按组合键Ctrl＋B打开"色彩平衡"对话框，参数设置如图11-142所示。最终效果如图11-143所示。

图11-142

图11-143

11.3 商业街的夜景表现

素材位置	素材文件 >CH11> 素材 03
实例位置	实例文件 >CH11> 商业内街的夜景表现 .Psd
学习目标	掌握商业街的夜景表现

（扫码观看视频）

11.3.1 合成通道图

打开本书学习资源"素材文件>CH11>素材03"文件夹，然后将通道及大图文件合并到一个psd文件中，"图层"面板如图11-144所示。合成后的效果如图11-145所示。合成时注意各图层的顺序。

图11-144　　　　　　　　　　　　　　图11-145

11.3.2 图像的初步调整

一般渲染出来的原始文件整体色调会较暗或较亮，我们可以在最初先对整体进行调整，这样再进行后期处理时能省掉很多不必要的操作。

01 选择"背景副本"，然后按组合键Ctrl+J复制出"背景副本2"，接着更改图层"背景副本2"的图层混合模式为"滤色"，并设置"不透明度"为60%，如图11-146所示。

02 选择"背景副本2"图层，然后按组合键Ctrl+E，将"背景副本2"和"背景副本"合并成为一个图层，如图11-147所示。调整后的效果如图11-148所示。

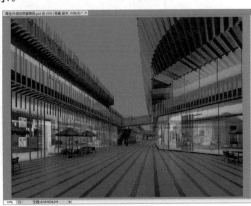

图11-146　　　　　　　　图11-147　　　　　　　　　　图11-148

> **TIPS**
> 对初始大图进行整体调整是一个很讨巧的方法，不但可以调整亮度也可以调整全图的色调。这样调整后可以避免后面逐个材质调整并使调整更加统一、自然。

11.3.3 更换天空

01 在"背景副本"图层上添加蒙版，然后切换到"通道"面板，载入Alpha通道，接着回到"图层"面板，选中蒙版，在天空内填入黑色，如图11-149所示，效果如图11-150所示。

02 打开本书学习资源"素材文件>CH11>素材03>天空.jpg"文件，然后置于"背景副本"图层下方，如图11-151所示，效果如图11-152所示。

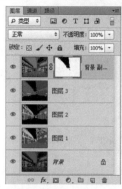
图11-149

图11-150

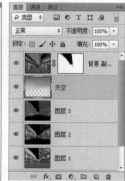
图11-151

图11-152

11.3.4 内街铺地的调整

01 通过"图层1"，用"魔棒"工具，选取铺地材质的区域，然后回到"背景副本"图层，按组合键Ctrl＋J复制出"图层4"，如图11-153所示。

02 选中"图层4"，按组合键Ctrl＋G新建一个组，并命名为"铺地"，如图11-154所示。

03 选中"图层4"，按组合键Ctrl＋L打开"色阶"对话框，参数设置如图11-155所示，效果如图11-156所示。
示。

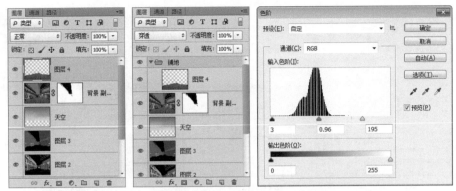

图11-153   图11-154   图11-155

图11-156

04 按Q键进入"快速蒙版"模式，然后使用"渐变"工具▣，从上到下拉出一个从黑色到透明的渐变，如图11-157所示；接着退出"快速蒙版"模式，载入图11-158所示的选区。

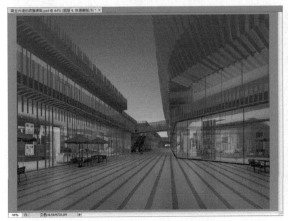

图11-157   图11-158

05 选中"图层4"，然后按组合键Ctrl＋M，打开"曲线"对话框，参数设置如图11-159所示。

06 按组合键Ctrl＋B打开"色彩平衡"对话框，然后设置图11-160所示的参数，修改后的效果如图11-161所示。

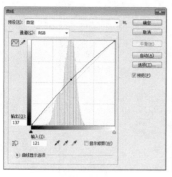

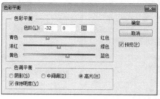

图11-159　　　　　　　　　　图11-160　　　　　　　　　　　　图11-161

TIPS　　　　这里制作一个渐变的快速蒙版，是为了做出铺地路面的前后退晕关系，这样远处的铺地就更接近天空的颜色，从而在色彩及明暗上增强了铺地的景深感。

11.3.5 建筑栏杆的调整

01 通过"图层2"，用"魔棒"工具，选取绿色的区域（即栏杆的区域），然后回到"背景副本"图层，按组合键Ctrl＋J复制出"图层5"，如图11-162所示。

02 选中"图层5"，然后按组合键Ctrl＋J复制出"图层5副本"，接着更改图层混合模式为"滤色"，并设置"不透明度"为50%，如图11-163所示。

03 合并"图层5副本"和"图层5"两个图层，合并后效果如图11-164所示。

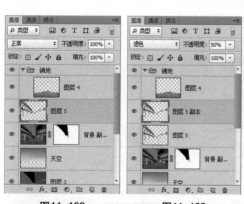

图11-162　　　　　　图11-163　　　　　　　　　　　　　图11-164

TIPS　　　　除了用"滤色"模式来提亮整体效果外，也可以用色阶来调整。

04 按Q键进入"快速蒙版"模式，然后使用"渐变"工具 ▣ 从上到下拉出一个由黑到透明的线性渐变，如图 11-165所示；接着退出快速蒙版，载入选区，如图11-166所示。

图11-165

图11-166

05 保持选区，按组合键Ctrl＋U打开"色相/饱和度"对话框，参数设置如图11-167所示，效果如图 11-168所示。

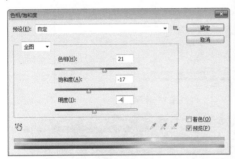

图11-167

图11-168

11.3.6　金属铝板的调整

01 通过"图层1"，用"魔棒"工具 ✎ 选取金属铝板的区域，如图11-169所示；然后回到"背景副本"图层，按组合键Ctrl＋J复制出"图层6"，如图11-170所示。

图11-169

图11-170

02 在"图层6"中使用"多边形套索工具" 勾选出上面部分的铝板，如图11-171所示；最后按组合键Ctrl+J即可复制出"图层7"，此时"图层"面板如图11-172所示。

图11-171　　　　　　　　　　　图11-172

03 选择"图层7"，按组合键Ctrl＋L打开"色阶"对话框，参数设置如图11-173所示。

04 按组合键Ctrl＋U打开"色相/饱和度"对话框，参数设置如图11-174所示。调整后参数如图11-175所示。可以观察到，调整后的金属铝板更接近于天空的颜色。

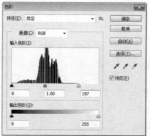　　　

图11-173　　　　　　　　　　　图11-174

图11-175

05 选择"图层6",然后按组合键Ctrl+J复制出"图层6副本"图层,接着更改"图层6副本"的混合模式为"滤色",如图11-176所示。

06 合并"图层6"和"图层6副本"两个图层,然后按组合键Ctrl+L,打开"色阶"对话框,参数设置如图11-177所示。

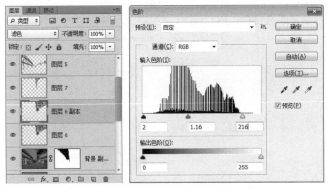

图11-176　　　　　　　　　　　图11-177

07 按组合键Ctrl+B打开"色彩平衡"对话框,参数设置如图11-178所示,调整后的效果如图11-179所示。

图11-178

图11-179

11.3.7 橱窗玻璃的调整

01 通过"图层2"，用"魔棒"工具 选取红色的区域（即玻璃的区域），然后回到"背景副本"图层，按组合键Ctrl＋J复制出"图层8"，如图11-180所示。

02 选中"图层8"，然后按组合键Ctrl＋G新建一个图层组，并命名为"玻璃"，如图11-181所示。

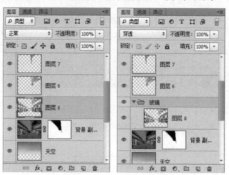

图11-180　　　　　　图11-181

03 使用"多边形套索工具" 选择一层的玻璃，如图11-182所示；然后按组合键Ctrl+Shift+J剪切出"图层9"，如图11-183所示。

04 选中"图层9"，然后按组合键Ctrl＋B打开"色彩平衡"对话框，参数设置如图11-184所示，效果如图11-185所示。调整后橱窗变亮、变暖，从而使商业气氛更加浓郁。

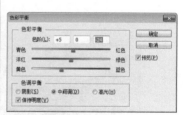

图11-182　　　　　　　　　　　图11-183　　　　　　　　　　图11-184

图11-185

05 下面添加玻璃反射。打开本书学习资源"素材文件>CH11>素材03>玻璃反射.jpg"文件，然后合并到"玻璃"图层组中，如图11-186所示；最后调整其位置，如图11-187所示。

06 选中"玻璃反射"图层，然后按组合键Ctrl＋U打开"色相/饱和度"对话框，参数设置如图11-188所示；同样调整"玻璃反射 副本"图层，效果如图11-189所示。

图11-186

图11-187

图11-188

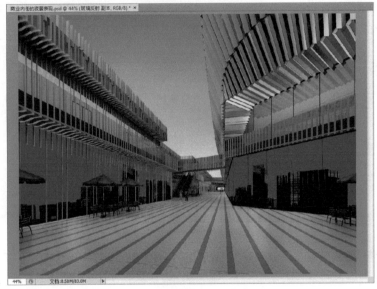

图11-189

07 合并"玻璃反射"和"玻璃反射 副本"两个图层，然后设置混合模式为"滤色"，并设置"不透明度"为80%，如图11-190所示，效果如图11-191所示。

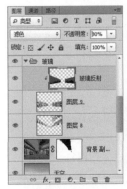

图11-190

图11-191

08 选中"图层8"，然后使用"多边形套索工具" ☑️选择铝板后边的玻璃，如图11-192所示；接着按组合键Ctrl+J复制出"图层10"，如图11-193所示。

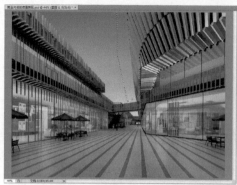

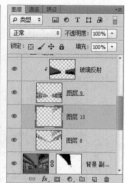

图11-192　　　　　　　　　　　图11-193

09 打开本书学习资源"素材文件>CH11>素材03>玻璃内透.jpg"文件，然后将其合并到场景中，并置于"图层10"上，接着调整其位置，使其成为"图层10"的剪切图层，如图11-194所示。

10 设置"玻璃内透"的混合模式为"滤色"，并设置"不透明度"为80%，如图11-195所示；然后使用相同的方法修改左侧的玻璃，效果如图11-196所示。

图11-194　　　　　　图11-195　　　　　　　　　图11-196

11 下面调整玻璃栏杆。通过"多边形套索工具" ☑️选择栏杆部分，如图11-197所示；然后选择"图层8"并按组合键Ctrl+J复制出栏杆玻璃（即"图层11"）；接着将复制出的图层上移到"玻璃"组的顶端，如图11-198所示。

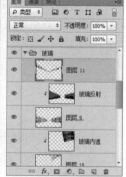

图11-197　　　　　　　　　　　图11-198

12 选中"图层11",然后按组合键Ctrl+L打开"色阶"对话框,参数设置如图11-199所示。

13 按组合键Ctrl+B打开"色彩平衡"对话框,参数设置如图11-200所示。

14 按组合键Ctrl+M打开"曲线"对话框,参数设置如图11-201所示。最终效果如图11-202所示。

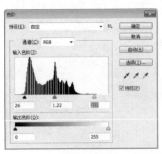

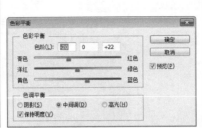

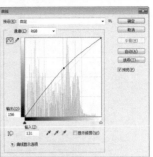

图11-199　　　　　　　　图11-200　　　　　　　　图11-201

图11-202

11.3.8 细部配景的调整

01 调整远处电梯。通过"图层1"使用"魔棒"工具选取电梯区域,如图11-203所示;然后复制出"图层12",如图11-204所示。

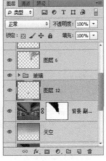

图11-203　　　　　　　　图11-204

02 按组合键Ctrl＋M打开"曲线"对话框，然后设置图11-205所示的参数，效果如图11-206所示。

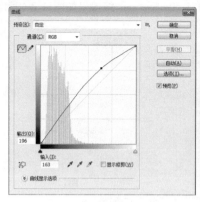

图11-205

图11-206

03 下面调整阳伞。通过"图层1"使用"魔棒"工具选取阳伞区域，如图11-207所示；然后复制出"图层13"，如图11-208所示。

04 按组合键Ctrl＋M打开"曲线"对话框，然后设置图11-209所示的参数。

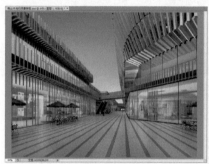

图11-207

图11-208

图11-209

05 按组合键Ctrl＋B打开"色彩平衡"对话框，然后设置图11-210所示的参数，效果如图11-211所示。

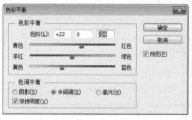

图11-210

图11-211

TIPS　　当配景靠近光源时，受光源的影响会偏向光源的颜色，即遵循靠近光源的较亮、远离光源的较暗的原则，产生一个褪晕的过程。

11.3.9　远景的添加

01 打开本书学习资源"素材文件>CH11>素材03>远景.png"文件，然后合并到场景中，并置于"背景副本"图层下，如图11-212所示。

02 添加远景素材后，使用"橡皮擦工具" ✐ 中硬度低、透明度低的画笔样式擦除远景素材的上部分。擦除后的效果如图11-213所示。这样可以使远景素材后退，并与天空融合在一起。

图11-212

图11-213

11.3.10　配景的合成添加

01 打开本书学习资源"素材文件>CH11>素材03>配景素材.psd"文件，如图11-214所示。

02 选择素材中的广告标志合成到场景中，如图11-215所示。

图11-214

图11-215

03 标志合成到场景中并不明显，此时可以勾选出一个区域作为广告标志的底色。使用"多边形套索工具" ☑ 勾出一个区域，然后新建一个"图层15"，如图11-216所示；接着将该图层中选区填充深棕色，并更改图层的"不透明度"为50%。调整后的效果如图11-217所示。

图11-216

图11-217

04 将剩下的人物和树的素材合并到场景中，注意调整图层之间的顺序，如图11-218所示。

图11-218

05 合并人物图层，然后按组合键Ctrl＋B打开"色彩平衡"对话框，参数设置如图11-219所示，效果如图11-220所示。

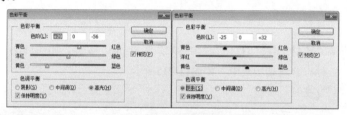

图11-219

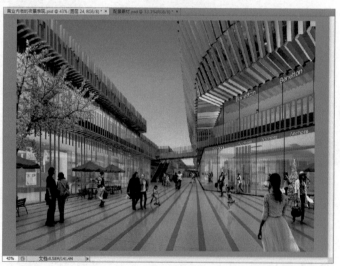

图11-220

11.3.11 图像润色处理

01 在图层最上方新建一个空白图层，然后使用"渐变工具" 吸取天空颜色，做一个从下到上的透明渐变，如图11-221所示。最后更改图层的混合模式为"正片叠底"，并设置"不透明度"为60％。调整后的效果如图11-222所示。

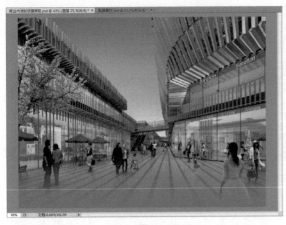

图11-221 图11-222

02 选择最顶层的图层，然后按组合键Ctrl+Alt+Shift+E盖印所有图像，如图11-223所示；接着按组合键Ctrl+M打开"曲线"对话框，具体参数如图11-224所示。

03 按组合键Ctrl+B打开"色彩平衡"对话框，具体参数如图11-225所示。

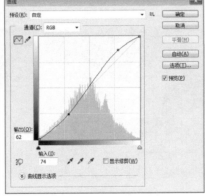

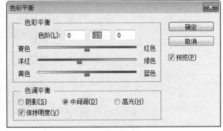

图11-223 图11-224 图11-225

04 按Q键进入"快速蒙版"模式，选择"渐变工具" 拖曳出一个径向渐变，如图11-226所示的选区；再次按Q键即可将红色区域载入选区，然后按组合键Ctrl+L打开"色阶"对话框，具体参数如图11-227所示。调整后的效果如图11-228所示。

图11-226 图11-227 图11-228

05 更改盖印图层的混合模式为"柔光"，可以看到图像整体对比度加强，且图像更加圆润，如图11-229所示。

06 单击"图层"面板下方的"创建新的填充或调整图层"按钮 ⚪，选择"自然饱和度"选项，在弹出的"属性"面板中调整"自然饱和度"为-20、"饱和度"为0，具体参数如图11-230所示。调整后的效果如图11-231所示。

图11-229　　　　　　　　　　图11-230　　　　　　　　　　图11-231

07 继续单击"图层"面板下方的"创建新的填充或调整图层"按钮 ⚪，选择"可选颜色"选项，在弹出的"属性"面板中调整颜色值，参数如图11-232所示。调整后的效果如图11-233所示。

08 继续添加"自然饱和度"调整层并进行调整，参数如图11-234所示。调整后的最终效果如图11-235所示。

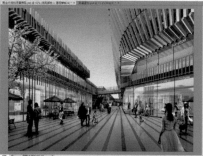

图11-232　　　　　　　　　　图11-233　　　　　　　　　　图11-234

图11-235

11.4 鸟瞰白天的后期表现

素材位置	素材文件 >CH11> 素材 04
实例位置	实例文件 >CH11> 鸟瞰白天的后期表现 .Psd
学习目标	鸟瞰白天的后期表现

（扫码观看视频）

11.4.1 合成通道图

打开本书学习资源"素材文件>CH11>素材04"文件夹，然后将通道及大图文件合并到一个Psd文件中，"图层"面板如图11-236所示。合成后的效果如图11-237所示。

图11-236

图11-237

11.4.2 水景的叠加处理

01 通过"图层1"选取水景的选区，然后选中"背景副本"图层，按组合键Ctrl＋J复制出"图层3"，如图11-238所示；接着新建一个图层，在浅蓝色区域填充水的颜色，再将填充层作为"图层3"的剪切图层，如图11-239所示；最后合并"图层4"和"图层3"。调整后的效果如图11-240所示。

图11-238

图11-239

图11-240

02 打开本书学习资源"素材文件>CH11>素材04>水.jpg"文件，将素材合成到场景中，并将素材层作为"图层3"的剪切图层，如图11-241所示；然后更改素材层的混合模式为"叠加"，并设置"不透明度"为80%，处理后的效果如图11-242所示。

图11-241

图11-242

11.4.3 调整建筑体块

01 通过"图层1"，选中建筑体块部分，如图11-243所示；然后选择"背景 副本"并按组合键Ctrl+J复制出"图层4"，如图11-244所示。

图11-243

图11-244

02 选中"图层4"，然后按组合键Ctrl＋U打开"色相/饱和度"对话框，参数设置如图11-245所示，效果如图11-246所示。可以观察到此时建筑体块部分明显暗了下去，这样主体区域的建筑就更加突出了。

图11-245

图11-246

11.4.4 路面及铺地的调整

1.路面的调整

01 通过"图层1"选中路面部分，如图11-247所示；然后选择"背景副本"，并按组合键Ctrl+J复制出"图层5"，如图11-248所示。

图11-247　　　　　　　　　　　　　　　　图11-248

02 选中"图层5"，然后按组合键Ctrl+U打开"色相/饱和度"对话框，参数设置如图11-249所示，效果如图11-250所示。

图11-249　　　　　　　　　　　　　　　　图11-250

2.铺地的调整

01 通过"图层1"选中路牙部分，如图11-251所示；然后选择"背景副本"，并按组合键Ctrl+J复制出"图层6"，如图11-252所示。

图11-251　　　　　　　　　　　　　　　　图11-252

02 选中"图层5"，然后按组合键Ctrl＋U打开"色相/饱和度"对话框，参数设置如图11-253所示，效果如图11-254所示。

图11-253　　　　　　　　　图11-254

TIPS　　鸟瞰类型图调整时要注意整体的统一性，即使主体以外的其他配景建筑处在一个色调或明度中，彼此也有明度或色彩的细微差别。

11.4.5　草地的调整

01 通过"图层1"选中草地部分，如图11-255所示；然后选择"背景副本"，并按组合键Ctrl+J复制出"图层7"，如图11-256所示。

图11-255　　　　　　　　　图11-256

02 选中"图层7"，然后按组合键Ctrl＋U打开"色相/饱和度"对话框，设置参数如图11-257所示，效果如图11-258所示。

图11-257　　　　　　　　　图11-258

TIPS　　一般在鸟瞰场景中，草地比树亮，树比树影亮。

03 使用"多边形套索工具" ☑选中铺地旁边区域，如图11-259所示；然后新建一个空白图层，并填充为草地颜色，填充后如图11-260所示。

图11-259

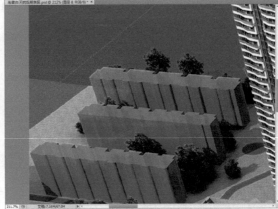
图11-260

11.4.6 树的调整

01 通过"图层1"选中行道树部分，如图11-261所示；然后选择"背景副本"，并按组合键Ctrl+J复制出"图层9"，如图11-262所示。

02 选中"图层9"，然后按组合键Ctrl＋L打开"色阶"对话框，参数设置如图11-263所示。

图11-261

图11-262 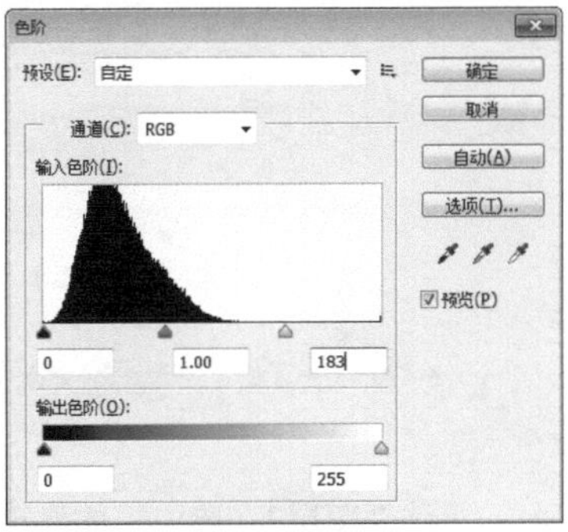　　　　　图11-263

03 选中"图层9"，然后按组合键Ctrl＋U打开"色相/饱和度"对话框，参数设置如图11-264所示。效果如图11-265所示。

图11-264

图11-265

04 通过"图层1"选中配景树部分，如图11-266所示；然后选择"背景副本"，并按组合键Ctrl+J复制出"图层10"，如图11-267所示。

05 选中"图层10"，然后按组合键Ctrl＋L打开"色阶"对话框，参数设置如图11-268所示。

  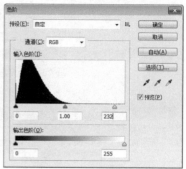

图11-266　　　　　　　　　　图11-267　　　　　　　　　图11-268

06 选中"图层10"，然后按组合键Ctrl＋U打开"色相/饱和度"对话框，参数设置如图11-269所示。效果如图11-270所示。

图11-269　　　　　　　　　　　　　　　图11-270

11.4.7　主体建筑的调整

01 通过"图层2"选中主体建筑部分，如图11-271所示；然后选择"背景副本"，并按组合键Ctrl+J复制出"图层11"，接着按组合键Ctrl＋G新建一个组，并命名为"主体建筑"，如图11-272所示。

图11-271　　　　　　　　　　　图11-272

02 通过"图层1"选中屋顶部分，如图11-273所示；然后选中"图层11"，并按组合键Ctrl+J复制出"图层12"，接着按组合键Ctrl+U打开"色相/饱和度"对话框，具体参数如图11-274所示。调整后的效果如图11-275所示。

图11-273　　　　　　　　　　图11-274　　　　　　　　　　图11-275

03 通过"图层1"选中建筑玻璃部分，如图11-276所示；然后通过"图层2"减选掉高层玻璃部分，最终选出的玻璃部分如图11-277所示，接着将选出的玻璃图层复制出"图层13"。

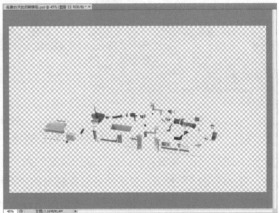

图11-276　　　　　　　　　　　　　　　图11-277

04 选择"图层13"，然后按组合键Ctrl＋J复制一层"图层13副本"，接着设置"图层13副本"混合模式为"滤色"，并设置"不透明度"为22％，如图11-278所示，最后合并两个图层。

05 通过"图层1"选中屋顶部分，如图11-279所示；然后选择"图层11"并按组合键Ctrl+J进行复制，接着对复制出的图层，按组合键Ctrl+U打开"色相/饱和度"对话框，具体参数如图11-280所示。调整后的效果如图11-281所示。

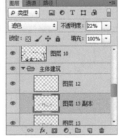

图11-278

图11-279　　　　　　　　　　图11-280　　　　　　　　　　图11-281

06 按组合键Ctrl+L打开"色阶"对话框，具体参数如图11-282所示。调整后的效果如图11-283所示。

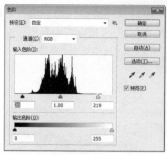

图11-282　　　　　　　　　　　　　　　图11-283

07 通过"图层1"选中黄色材质部分，如图11-284所示；然后选择"图层11"并按组合键Ctrl+J进行复制，接着对复制出的图层，按组合键Ctrl+L打开"色阶"对话框，具体参数如图11-285所示。调整后的效果如图11-286所示。

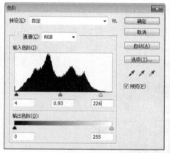

图11-284　　　　　　　　　　图11-285　　　　　　　　　　图11-286

08 通过"图层1"选中建筑玻璃部分，然后通过"图层2"减选掉底层玻璃部分，最终选出的玻璃部分如图11-287所示，接着将选出的玻璃图层复制为"图层16"。

09 将"图层16"复制一层，然后将复制出的"图层16副本"的混合模式设置为"滤色"，并设置"不透明度"为22%，如图11-288所示，效果如图11-289所示。

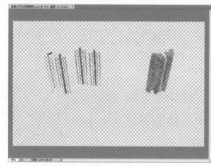

图11-287　　　　　　　　　　图11-288　　　　　　　　　　图11-289

10 合并"图层16"和"图层16副本"，然后按组合键Ctrl＋U打开"色相/饱和度"对话框，参数设置如图11-290所示，效果如图11-291所示。

图11-290　　　　　　　　　　图11-291

11.4.8 配景素材的添加

打开本书学习资源"素材文件>CH11>素材04>配景.psd"文件；如图11-292所示；然后将其合成到场景中，合成后的效果如图11-293所示。添加素材时要注意建筑后边植物的遮挡关系。

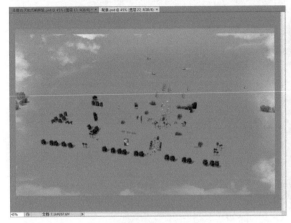

图11-292

图11-293

11.4.9 图像的后期调整

01 新建一个图层，置于"图层"面板最顶端，然后用"多边形套索"工具选取图11-294所示的选区，并设置"羽化值"为200像素。

02 设置"前景色"为浅黄色，然后填充到新建的"图层39"中，并设置"不透明度"为25%，效果如图11-295所示。

图11-294

图11-295

03 在"图层"面板顶层新建一个空白图层（即"图层40"），然后更改其混合模式为"正片叠底"，并设置"不透明度"为60%，接着从图的最下方往上拉出一个冷色渐变。"图层"面板如图11-296所示，调整后的效果如图11-297所示。

04 新建一个空白图层（即"图层41"），然后拉一个从上到下、由白色到透明的渐变，接着设置图层的"不透明度"为50%，最后选择建筑以外的区域，并添加图层蒙版。"图层"面板如图11-298所示，调整后的效果如图11-299所示。

图11-296　　　　　　　　　图11-297　　　　　　　　　图11-298

图11-299

 TIPS 　　鸟瞰效果图的后期调色中，要注重主建筑区域暖且亮，下部冷且暗，上部冷且亮。这样可以使画面的层次感更强，也可以在画面中突出主体建筑。

05 选择最顶层的图层，然后按组合键Ctrl+Alt+Shift+E盖印所有图像，如图11-300所示，接着单击"图层"面板下方的"创建新的填充或调整图层"按钮 ，并选择"曲线"选项，具体参数如图11-301所示。调整后的效果如图11-302所示。

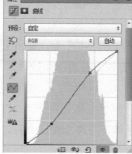

图11-300　　　　　　　　　图11-301　　　　　　　　　图11-302

06 单击"图层"面板下方的"创建新的填充或调整图层"按钮 ⚫，选择"色彩平衡"选项，具体参数如图11-303所示。调整后的效果如图11-304所示。

图11-303

图11-304

07 单击"图层"面板下方的"创建新的填充或调整图层"按钮 ⚫，选择"自然饱和度"选项，具体参数如图11-305所示。最终效果如图11-306所示。

图11-305

图11-306

课后练习——入口景观的后期制作

素材位置	素材文件 >CH11> 素材 05
实例位置	实例文件 >CH11> 入口景观的后期制作 .Psd
学习目标	练习景观类建筑后期制作

（扫码观看视频）

课后练习——住宅的后期制作

素材位置	素材文件 >CH11> 素材 06
实例位置	实例文件 >CH11> 住宅的后期制作 .Psd
学习目标	练习住宅类建筑后期制作

（扫码观看视频）